舍得

精装版

中国上乘智慧

静恒 著

时事出版社
北京

图书在版编目（CIP）数据

舍得 / 静恒著 . —北京：时事出版社，2018.9（2021.2 重印）
（中国上乘智慧：精装版）
ISBN 978-7-5195-0175-4

Ⅰ . ①舍… Ⅱ . ①静… Ⅲ . ①人生哲学 – 通俗读物
Ⅳ . ① B821-49

中国版本图书馆 CIP 数据核字（2018）第 164496 号

出版发行：时事出版社
地　　址：北京市海淀区万寿寺甲 2 号
邮　　编：100081
发行热线：（010）88547590　　88547591
读者服务部：（010）88547595
传　　真：（010）88547592
电子邮箱：shishichubanshe@sina.com
网　　址：www.shishishe.com
印　　刷：三河市华润印刷有限公司

开本：880 × 1230　1/32　印张：10　字数：210 千字
2018 年 9 月第 1 版　2021 年 2 月第 3 次印刷
定价：48.00 元

前言

《红楼梦》是我的最爱，它常常让我掩卷长思，回味无穷。在最近的阅读中，我悟出跛足道人的《好了歌》是“舍得”一词最真最深的注释——“世人都晓神仙好，只有功名忘不了！古今将相在何方？荒冢一堆草没了！世人都晓神仙好，只有金银忘不了！终朝只恨聚无多，及到多时眼闭了！世人都晓神仙好，只有娇妻忘不了……世人都晓神仙好，只有儿孙忘不了……”

也许，这首《好了歌》过于沉重，也许我们都知晓“舍得”的含义，但这真的不够，我们需要的是“舍得”的智慧。对于涉世未深的人来说，舍得似乎只意味着舍。好比一个孩童，你让他给伙伴一颗糖，他总是有些不舍，因为他不懂得一颗糖和一份友谊孰轻孰重。当我们长大后，我们是否都懂得了呢？如果懂得，就不会为一时的失去而郁郁寡欢；如果懂得，就不会为心中多余的贪恋而愤愤不平；如果懂得，就不会被昨天的风月牵扯住前进的脚步……如果懂得，就不会有那么失败的人生。

静坐不语，想念自己的心。在这种想念中，你会发现，尘世纷扰，五颜六色，心之所需只是那么一点，或者是爱，或者是情，或者是一杯茶，或者是一朵花，或者只是一缕阳光或一丝清风。那么多的执念、迷惑，只是套着负累的面具，生活最精简的本质却是简单！在这种顿悟中，你便拥有了取舍的智慧。拥有了它，你的人生天平便有了美妙的平衡。从此，你便失之淡然，得之坦然。

这就是处事的最高境界。

在此，笔者特别说明一下，本书是《舍得：中国上乘处世智慧》（时事出版社 2014 年 1 月出版）的精装版，因原书广受欢迎，不少读者建议提高图书的制作档次，因此特重新审校后精装出版，以满足不同读者的阅读、收藏需求。

目录
contents

第三章　舍得外物，得内心

第四章　舍得浮华，得真实

第五章　舍得贪恋，得快乐

第六章　舍得小我，得大我

第七章　舍得宽恕，得善待

第八章　舍得分享，得馈赠

第九章　舍得妥协，得双赢

第十章　舍得吃苦，得成功

第十一章　舍得吃亏，得幸福

第十二章　舍得繁杂，得轻松

第一章

舍得虚名，得自由

生而为人，名声是顶重要的。

但虚名却是一种负累，也最容易烟消云散。

我们应爱惜名声，抛弃虚名，做一个真正自由的人。

虚名只是“遮瑕膏”

老子曾说：“良贾深藏若虚，君子盛德，容貌若愚。”这句话的意思是，人天生会将能力表露在外，看上去比较强悍、威风凛凛的人不一定最有实力，而那些真正有本领的人都懂得将自己的实力隐藏起来，不轻易外露。那些肤浅的人才喜欢去显摆，这就容易遭人妒忌，聪明的人则会韬光养晦。从某种意义上来说，“大智若愚”是有智谋的人保护自己的一种处世手段。

不论我们是否满腹经纶、才华横溢，都要做到不露锋芒，这才是聪明之举。“装糊涂”可以很好地保护自己，万事都不要太咄咄逼人，对人不要太张狂，要拥有谦虚做人的美德。

当你意气风发时，一定不能不可一世、目空一切，这样做只会让人忌妒。不论你才智如何出众，待人处世时一定要谦虚谨慎，别将自己看得过重，要适当收起自己的锋芒，脚踏实地地做人，将自己的才华波澜不惊地展露出来，这才是明智之举，才更容易得到他人的认可。

春秋时期，郑庄公准备讨伐许国。出征前，郑庄公先在国都组织了一场比赛，意在挑选先锋官。得知这个消息的众将士都明白自己立功的机会到了，个个摩拳擦掌、跃跃欲试。

比赛第一项是击剑格斗。只见赛场上众将斗来斗去，全都使出浑身解数。几番比试后，选出六个人进入下一轮比赛。

接下来比的是箭，六名将领每人射三箭，射中靶心视为胜利。比赛开始后，已经有四位将领先后射箭，都未能三箭全部射中靶心。第五位上场的是公孙子都，他年纪轻轻便武艺高强，自然心高气傲，不把别人放在眼里。果然，公孙子都箭法了得，三箭连中靶心，观看比赛的人都为他欢呼鼓掌。公孙子都高昂着头，看了一眼最后的射手，退了下去。这时的公孙子都心里已然开始想就任后该如何谢恩了。

最后一位射手缓缓上场，这时大家才看见场上站着的是一位胡须微微花白的老先生，他叫颖考叔。这位先生因曾经劝庄公与母亲和解而一直得到庄公看重。颖考叔不慌不忙地开始了比赛，一箭、两箭、三箭，全都正中红心，与公孙子都打了个平手。

这样一来，只剩下公孙子都与颖考叔两人进行比赛。庄公派人拉出一辆战车，对他们说："你们站在百步之外，一起抢这辆战车，先抢到的那个人就是先锋官。"谁承想，跑到一半的公孙子都不小心跌了个跟头，等他重新站起来时，颖考叔已经将车抢到了。公孙子都心里特别不服气，提着长戟就想冲上去抢车。庄公见状急忙叫人阻止，并宣布颍考叔为先锋官。

赢得比赛的颍考叔果然没让庄公失望，率兵大举进攻许国都城，手举大旗登上了许都城头。眼看就要大功告成，妒火中烧的公孙子都竟一箭射向颍考叔后心，颍考叔当场身亡，从城头栽了下去。

颍考叔就是因为锋芒毕露，遭人忌妒而被暗算的。一个人如果风头太劲，并且不会适时收敛，很容易被人记恨在心，即使一时取得成功，也可能为自己埋下祸根。因此，当一个人过于展现自己时，很可能周围已经危机重重，这时就更需要学会抱愚守拙。

抱愚守拙是一种深藏不露的大智慧。在生活中，大智若愚是指不向人夸耀自己、抬高自己，不处处显示自己的才能，这是一种旷达的心境，好像厚重的大地，逐渐积攒着自身能量，等时机一到，必定石破天惊。

放下你的架子

在生活中，有些人总是认为自己拥有的财富比别人多，学历比别人高，家世比别人好，所以到处炫耀自己，摆出一副高高在上的样子，不把别人放在眼里，甚至认为自己可以凌驾于他人之上。

殊不知，总在别人面前摆架子，反倒让人觉得虚伪和浅薄，到最后得到的只会是别人的远离和不屑。俗话说，“红花当有绿叶配”，当你身边没有人的时候，即使你真的很优秀、很能干，也凸显不出来，所谓优越的“位子”也就无从谈起了。

我们每一个人在上帝面前都是平等的，从出生的那一刻起，上帝就赐给了我们平等的权利，那么在现实生活中，我们为什么就不能够平等地对待别人呢？更何况，我们只是普通人，并没有比别人多些什么。

苏格拉底是有名的大哲学家，在别人眼里是个无所不知、无所不晓的智者，但是他并没有因为成功而摆出一副高高在上的样子，总是谦虚地说：“社会上的学问博大精深，我知道得越多，就越发现自己真的什么都不懂，有太多太多的东西需要去向别人学习。”

在中国古代，孔子是大家公认的“圣人”，但是圣人的称号并没有让他端起“圣人”的架子，也没有给人一种不食人间烟火的感觉，他还提出“三人行必有我师”，更加谦虚地向他人学习。

成功的人都没有什么架子，平易近人，时时刻刻都在向别人学习，也时时刻刻在学习中交朋友。他们朋友众多，即使他们不争什么，也会收获很多。

候车室里，一位满脸疲惫的老人坐在靠门的座位上。可以看得出来，他走了很长的一段路，背上和鞋子上都落满了尘土。

当列车进站的时候，检票员开始检票了。这位老人站了起来，朝检票口走去。这时，他看见后面来了一位很胖的老太太，她提着一只很大的箱子，一脸着急的样子，显然也是要赶这趟火车。但是由于箱子太重，她步履艰难，早已累得气喘吁吁。

老太太也看到了这位老人，她见他打扮得很朴素，又一身的尘土，觉得他是一个老农民，便大声喊道：“前面那个老头，你等一下，过来帮我提一下箱子吧，待会儿我给你小费。”

老人愣了一下，后来才知道那个胖老太太是在和自己说话，于是他接过箱子，和她一起检票登上了火车。上车之后，那个胖老太太一颗悬着的心终于落了下来，她长出了一口气，说道：“这次多亏了您，要不然我就要误了这次火车了，我付给您小费。”说着就递给他一美元。老人微笑着把钱接了过来，并很客气地说了一句:“谢谢。”

就在这时，列车长走了过来，看到那个老人后吃惊地说道:“尊敬的洛克菲勒先生，您好，欢迎您乘坐我们的列车，请问我们能为您做点什么呢？”

老人非常客气地说:“非常感谢您，不过不用了，我只是做了个徒步旅行，现在我要回纽约。”

那个胖老太太听到老人和列车长的对话后，非常震惊地问道:“我的上帝啊，我没听错吧，您真的就是石油大王洛克菲勒？”她心想:“我在做什么，我居然让著名的石油大王给我拎箱子，还给他小费，这不是对他的一种侮辱吗？他那么有钱怎么会看得起我的一美元呢？”于是她赶紧对洛克菲勒说:“非常对不起，我不知道您是石油大王，请您把那一美元的小费退给我吧。”

洛克菲勒微笑着说:“您没有必要向我道歉，因为您没有错，这一美元是我的劳动报酬，我必须收下。”说着就把钱装进兜里。

这时，老太太才放松了一些，车上的人也对洛克菲勒的行为发出了由衷的赞叹。

在世人眼里，像洛克菲勒这样的大人物，腰缠万贯，富可敌国，出门肯定会吆五喝六、盛气凌人的。但是恰恰相反，越是成

功的人越不会摆架子，总是保持一副低姿态，所以无论走到哪里都能赢得别人的欢迎，都能交到朋友，让自己变得更加成功。

任何人都不希望别人在自己面前高高在上，都希望彼此能够站在平等的位置上相互交心，这是人际交往的黄金法则。在朋友面前，我们都是平等的，只有平等，才能有心与心的交流。

在与人交往的过程中，我们只有舍得放下自己的架子，让别人不再对你“敬而远之”，你才能走进他们的世界，了解他们，感染他们，影响他们，进而与他们交朋友，从而拉近彼此之间的距离。

因此，如果你想拥有更多的朋友，如果你想获得更高的成就，就先放下你的架子吧！只有这样，你的愿望才有可能实现。

最轻的羽毛

生活中总会有这样的情况，我们想把每一件事情都做好，每一个人都照顾到，反而会适得其反。其实人生的目的并不是面面俱到，什么都越多越好，而是能将已掌握的东西完美应用。这就好比宝剑，剑刃越薄越锋利，重量越轻越好用。

其实我们不必让生命那么沉重，让自己在“当下”得到解脱，才能让自己轻松快乐；将身上的负担放下，才能找到心灵的家园。

但人们在生活中总是给自己增添许多无形的包袱：昨天的事要做总结，从中吸取教训；考虑尚未到来的明天会发生什么，需要做什么准备，等等。总是害怕自己做得不够，时时刻刻在准备，我们就是这般将幸福锁住了，同时也给自己的生命增加了太多的负担。

有个流浪汉在一条望不见头的路上长途跋涉，看看他都带着些什么：身上背着一大袋特别沉的沙子，缠着一根装满水的粗管子，右手托着一块奇奇怪怪的大石头，左手拿着一块岩石，脖子上还吊着一块大磨盘，脚腕上系着一个被铁链拴着的大铁球，这些还不够，头上还顶着一个大南瓜，已经腐烂发臭了。

流浪汉走得很吃力，边走边抱怨自己这么艰难辛苦，无尽的疲惫不停地折磨着他。

一日，他正在炎炎烈日下举步维艰，迎面有位老人走了过来，老人问流浪汉：“喂，既然你这么疲惫，为何不将手里的石头丢掉？”

“哦！我真笨。”流浪汉说道，“以前我怎么没想到呢？”他把石头扔掉了，觉得轻松了许多。

不一会儿，流浪汉又在路上遇见一位老妇人，老妇人问他：

“流浪汉，你这么疲惫，为什么不把头上发臭的南瓜扔掉呢？还有，为什么要拖着那么重的铁链？”

流浪汉回答说：“真高兴你能告诉我，我都没有注意到自己在做傻事。”他把烂南瓜扔到路边，并解开脚上的铁链子，一下子又轻松了许多。可轻松只是一时的，随着行走的时间越来越长，他又觉得特别累。

又走了一段时间，他遇到了一个小伙子。小伙子惊异地对他说：“流浪汉啊，你干嘛扛着一大袋沙子，要知道一路上都是沙子啊；还有这根水管，那么大，像你要去穿越沙漠似的，但是你看，路边就有一条清亮的小溪，你走了那么久它都在边上陪着。”听了这些，流浪汉又将大水管里已经发臭的水倒掉，同时把沙子也倒了出来。

此时的流浪汉站在路边对着落日陷入沉思。夕阳的余晖照在他身上，他突然发现自己脖子上还挂着一个磨盘，意识到就是它才使自己直不起腰来。于是他将磨盘放下，扔得远远的。卸掉了身上所有的负担后，在傍晚微凉的风中行走，流浪汉突然发现自己找到了心灵的归宿。

生命这只小舟，并不能承载太多的虚荣与物欲，要想到达彼岸，就必须轻载，只需带着需要的东西，不必要的“包袱”要果断地放下。人不会拥有全部，所以总有需要放弃的东西。

人生并不能做到面面俱到，只要能将已经掌握的东西运用得得心应手就很好了。就好像宝剑一样，剑刃越薄越锋利，重量越轻越好用。路上带着的包袱太多，必然会举步维艰；将身上的包袱放下，才能走得更快。如果我们总让生命承载太多负担，终将压弯自己的腰。所以，要将那些虚荣、功利、金钱和种种心理负担放下，为自己减负，学会简简单单地面对生活。

那么怎么才能放下呢？就是学会遗忘。

真正的解脱，就应当学会遗忘，将所有烦恼之事都忘得干干净净。如果有人问你，你是否还恨你的仇人，你回答说不恨了，别人或许还不太相信，但是如果你说："什么仇人，我都不记得了。"那说明你真的是放下了，自然会得到解脱。

人生中的一切烦恼都是自己强加给自己的，只有放下，我们才能得到解脱，才能获得幸福。因此，就让我们将心中的名利放下，将心中的欲望放下，将对生命的牵挂放下，将对未来的执着放下。只有把一切都放下，才能让此后的每分每秒都活得很充实，生命也就有了最真实的意义。

君子超然物外

人或多或少都有“名利”情结，往往也会为此失去方向。所谓的“名利”，可以使人坐拥一切，也可以让人失去一切。世人都明白，君子雅士多淡泊名利，但是想要做到，其实很难。

庄子喻世，善假于物，他最擅长的就是用各种比喻或借名人之口来讲述人生道理。庄子有句人生名言，是以孔子的口吻说出的：“德荡乎名，知出乎争。名也者，相轧也；知也者，争之器也。二者凶器，非所以尽行也。”这句话的意思是，德行在名利面前荡然无存，人类的知识来源于争斗的结果。人为了名留青史，会用尽各种手段，人所学的知识与技巧也变成斗争的工具，最终不过只是为一个名困住了。真正淡泊名利的人，会用自己脱俗的风骨、淡定的心境与身为学者的良知去感染后人。这些人的生命是通透的，他们以谦和明澈的方式处世，气质风度也特别温和自然。

将物看得太重，必然会被物所累；超然外物，才能使自己登上伟大思想与卓越精神的殿堂。

季羡林先生一直被尊称为“国学大师”“学界泰斗”，一生获得了无数荣誉。虽然季羡林先生名扬四海，但是他本人并不痴迷于荣誉。他曾这样说：“出点小名，小有得意，却诚惶诚恐。”

季老一生中，最超然物外的行为，当属三辞尊名。季老在《病榻杂记》中，用通达的文字首次表明了他对外界“加”在自己头上的“国学大师”“学界泰斗”“国宝”这三项桂冠的看法，并坚持将这三项“尊号”辞掉。

一辞“国学大师”。季老是这样说的：“环顾左右，朋友中国学基础胜于自己者，大有人在。在这样的情况下，我竟独占‘国学大师’的尊号，岂不折杀我！”

二辞“学界泰斗”。季老对大家说：“这样的人，滔滔者天下到处都是，但现在却偏偏把我‘打’成泰斗。我这个泰斗又从何说起呢？”

三辞“国宝”。季老诚恳地说：“是不是因为中国只有一个季羡林，所以他就被大家说成‘宝’。但中国的赵一钱二孙三李四等也都只有一个，难道一个中国里能有十几亿‘国宝’吗？”

最后，季老总结道：“三顶桂冠摘掉后，还了我一个自由自在身。我将身上的泡沫洗掉后，就会露出真面目，皆大欢喜。”

那些伟大的思想都来自自由的心境，将虚名除掉，人生就没有那么多负担，自身原本的形态就能表露出来，思想与精神才能

得到自由发展。

民间有俗语："名为锢身锁，利是焚身火。"一个人假使学会淡泊名利，就会更加高尚。人生在世，不论处于什么样的境况，都免不了与名利相交。对待名利，人们的态度各不相同，有的人去追求，有的人看得很淡。一个真正的智者，明白什么是自己需要的，什么是不需要的，不会去为那虚荣的名誉明争暗斗。晚年的季老仍然保有清醒的自我认知，执意辞去加诸在自己头上的盛名。虽然他摘除了那些恭维的帽子，却无法辞去世人对他那发自内心的尊敬。还有许许多多的学者都像季羡林先生一样，不将名利放在心上，他们以"非淡泊无以明志，非宁静无以致远"为座右铭，对名利不屑一顾，将自己的主要精力放在对学术与事业的追求上，这样的人生才更有价值。

身份的平等

当今社会是信息时代，人因为交流而丰富、提高自己，如果不肯放低自己的身段，虚心地向别人学习，虚心地与别人沟通和交流，那么自己就会是一个孤陋寡闻的人，人生之路就会越走越窄。

美国十八世纪伟大的科学家富兰克林被人称为“美国之父”，他在社会很多领域都有很高的建树，都取得了很大的成就。他的成功很大程度上就是因为能够放下身份向别人虚心学习。

年轻的时候，富兰克林也曾仗着自己才华横溢，非常骄傲轻狂，不懂得谦虚。直到有一天，他去拜访一位前辈，到了那位老前辈的家门口，年轻气盛的他趾高气扬地跨入老前辈家的大门，谁知刚一进门，就听“嘭”的一声，头撞在了门框上，额头上起了好大的一个包。出来迎接他的老前辈看他的样子，就笑着说:“这是你今天最大的收获，也是我今天给你上的第一堂课。要想让你今后的路更宽更广，就要放下身份，该低头时就低头，否则在社会上你会撞得满头包。”

老前辈的话牢牢地刻在了富兰克林心里，从此以后，他变得为人谦卑，总是虚心向别人请教，因此，不但自己取得了很大成就，还因此结交了很多朋友，却没有因为取得的成就而让自己有那种高处不胜寒的尴尬。

就像那位老前辈说的一样，做人就应该懂得放下身份，该低头时需低头。这样，人生之路才会更加宽广；否则，即使一个人拥有多么横溢的才华，也会因为狂傲而在社会上无立足之地。

三人行则必有我师，无论我们拥有多么丰富的学识，我们所学到的也只是社会大百科中的一小部分。只有虚心向别人请教，别人才不会吝啬他们的知识而倾囊相授。这不仅是学习的过程，更是一种交际的过程。

共和党候选人林肯参加1860年美国总统竞选时，大富翁道格拉斯是其竞争对手。在竞选过程中，道格拉斯租用了一辆非常豪华的竞选列车，车后放了一门礼炮，每到一站就放炮奏乐，声势浩大，气势非凡。他得意地说：“我要让那乡巴佬见识见识我的实力，让他体会体会什么是贵族，让他知道和贵族竞争的下场。”

林肯看到这种情况，不慌不忙，照样买票乘车，每到一站，就坐上耕田用的马拉车，向选民发表演讲：“有很多人问我有多少钱，其实我什么都没有，我只有一个妻子和三个儿子。对于我来说，他们是无价的，是用任何金银珠宝都换不来的，他们就是我的财富。我是一个没有任何背景可依靠的人，但是现在我知道，我唯一可依靠的只有你们，我唯一可信赖的也只有你们。”

林肯就是这样参加竞选的，道格拉斯见此感觉自己胜券在握，但结果出来后，令他意想不到的，竟是林肯获胜，成为美国总统。

为什么道格拉斯大费周折，选民们却不“领情”呢？这是因为，道格拉斯不懂得放下身份去和选民交流，他不知道人们真正需要的是一个能够听取他们的意见和建议，能够尊重和带领他们的总统，而不需要一个出身高贵却不懂谦虚、不愿交流的总统。

也许你觉得自己意气风发，一切尽在掌握中，但生活中的许多事并不像我们所想的那么简单。千万不要幼稚地以为自己什么都懂而不肯在别人面前放下身份虚心学习，甚至大肆渲染自己的高明，这恰恰暴露了你思想的幼稚和单纯，也正好告诉“敌人”你的缺点在什么地方。

事实上，越是有成就的人，就越应该放下身份，低调一点、谦虚一点。只有这样，你才能获得更多的知识，创造更多的财富取得更大的成功，拥有更高贵的身份，也才会赢得别人的尊重和爱戴。

要知道，身份并不是与生俱来的，而是别人赋予的。尊重也并不是自己尊重自己就能够赢得别人的尊重。只有放下身份，尊重别人，才能赢得别人的尊重。也就是说，当你实力越来越强时，无论你走到哪里，都能赢得别人的尊重，脚下的路也会更长、更宽，你离成功也就越来越近了，加油吧！

——“老子”——

人们有时候为争名，争来争去，结果却落得个无名；为争利，结果却什么利益都没有得到。事实上，只有不争才能无争。只有无争才能无祸，只有无祸才能无忧。与人无争，我们就能和人亲近；与物无争，我们却能抚育万物。正所谓，与名无争，名自来；与利无争，利自聚。

宋朝时期，有一位名臣叫向敏中，在真宗时官拜右仆射。他担任右仆射长达三十年，居然没有一个人看他眼红，没有一个人不顺从他。他当时具有很高的威望，这一切都源于他不与别人争。

有一天，真宗召翰林学士李宗谔入朝，真宗说:“自朕即位以来，还没有任命过仆射，现在朕任命向敏中为右仆射。”在宋朝，右仆射官位非常显赫，于是很多人都向向敏中表示祝贺。有人说:“如今您得到晋升，我们都为您感到高兴。”而向敏中没有露出半点喜悦之情，而是唯唯诺诺地应付着。又有人说:“当朝皇上自登基以来，还没有封过如此高的官，大人真是实至名归啊。”向敏中依然还是那样应付着，不说一句话。

第二天，皇上在朝堂上说：“向敏中是个很有耐力的官员，你们看他对待朝廷的无论是封赏还是降级都能做到宠辱不惊，无论怎样，他都虚心接受，单这一点，就堪称文武百官的楷模。”

对于任何进退升降，向敏中都能心平气和地虚心接受，不为得到高官厚禄而去争宠，也不因为被降职就懊恼。正是因为他顺从天理、顺从人情、顺从国法，才获得了较高的威望，才没有遭人妒忌，成为真宗皇帝在位时第一位被任命的大官。更难得的是，大小官员都认为他实至名归，愿意服从他。

正所谓，唯有虚心可以让人承受各种现实，唯有坦荡才能化解人们之间各种怨恨。人贵在虚心修炼自己，以坦荡的胸怀去为人处世。只有随意自适，不为名利争抢，才能获得幸福，才能赢得别人的尊重。

在名利面前，我们没有必要费劲地去争什么，而要懂得适时退让，这样你就会发现，这种不争的淡然态度会帮助你赢得良好的人际关系，还能获得较高的威望，成功之路也就会变得相对平坦一些，最终你才可能名利双收。

总之，在与人交往的过程中，我们要学会“舍”，舍得那些争强好胜之心，凡事做到不求所得、宠辱不惊。不争，能使我们心境开朗；不争，能够让我们获得更多的快乐；不争，能够让我们得到更多的尊敬，拥有更好的人际关系。

这酒真香

人们常说：“在别人面前千万不要锋芒毕露。”其实，展露锋芒原本是好事，能够让人了解到我们的才干和实力，但是在与人交往的过程中我们还是有必要学会遮掩住自己的锋芒，学会内敛一点。

正所谓：“木秀于林，风必摧之。花艳群芳，必遭采之。”如果我们在与人交往的过程中，仗着自己有才干、有才华而妄自尊大、锋芒毕露、目中无人，只会惹人厌烦和远离，很容易得罪旁人，遭到旁人的妒忌。那么，周围的人将会成为我们的阻力、我们的敌人。试想，如果四周都是敌人，那么我们的结果会是怎样的呢？

晓东是个非常有才干的人，但是他刚进单位的时候，却没人理他，在工作中也吃了很多亏。他不知道自己到底什么地方错了。

他想，自己工作努力，连领导都夸自己有才华，可是为什么同事们都不喜欢自己呢?

有一次，他请一个非常诚实的同事喝酒，他问那个同事："我想知道，为什么大家都不喜欢我呢？我也没有得罪过他们啊？"

那个同事说："是的，没错，你没有得罪过任何人，原因在于，你太爱表现自己了。虽然你很有才，可是当你的光芒遮盖住所有人的光芒时，那么所有人都不想和你在一起工作，你就变成大家的敌人了。"

听了同事的话，晓东终于明白了原因所在。从那以后，晓东开始掩饰自己的光芒，这样同事们在他面前也能抬起头来，逐渐地愿意接近他。他的人缘终于好了起来，在公司做起事情来也更加顺利。

在生活中，有些人确实很有才气，可是却总想在人前卖弄，总想证明自己比别人强，但是每个人都有自尊，都不希望别人的光芒掩盖住自己的光芒。

渴望在职场中得到晋升，这本是人之常情，但如果为了晋升而锋芒毕露，总是在关键问题上遮住客户和上司的光芒，那么就算你各方面都很优秀，别人也不会对你有好感，大部分的发展机会也就与你无缘了。

菲尔文笔出众、才思敏捷，是一个才华横溢的人。他凭借着自己的聪明才智，在工作中表现得相当出色。老板见菲尔是棵好苗子，便打算好好培养他，于是将他从行政部调到了市场部。

但奇怪的是，菲尔的业务总是不尽如人意。老板不明白，为什么这样优秀的人竟然连一个客户都留不住呢？

有一次，菲尔得意地对别人说道："那些客户实在是太自以为是了，他们什么都不懂，还不懂装懂，结果全部被我扳倒了。"听了这些话老板才明白，正是因为菲尔太过锋芒毕露，不懂得什么是大智若愚，所以客户都不喜欢和他打交道。他提醒菲尔说："在生意场上不要太显露自己的锋芒，这样会毁了自己的前途，也会让自己的人脉越来越窄。"

为了让菲尔好好学习一下，老板在参加一次重要的洽谈会议时带上了他。为了表现自己的优越性，菲尔打扮得精神抖擞，与老板接见客户时，他快步走在了老板前面，结果客户误把菲尔当成了老板，老板则很尴尬。

后来，老板就对菲尔"另眼相待"，再也没有心思重点培养他了。

菲尔的故事启迪我们，无论什么时候，都要学会内敛，做一朵不太显眼的花。这样，别人在我们面前才会有面子，才会更加愿意和我们交往，我们也就不用担心自己会受到"摧残"。

在人际交往过程中，即使我们是再鲜艳的花朵，也要学会把遮掩自己的光芒，给别人一个发光的机会。而菲尔正是不懂得这一点，言语露锋芒，行动露锋芒，结果得罪了客户和老板，失去了信任和支持。

“君子有才而不外露”，一个真正聪明的人，无论何时、遇到什么境况，都不会将自己的才能全部外露。如果我们时常以低姿态去示人，那么别人就会因为我们的友好而更加愿意与我们交往和合作。

相反，如果我们总是以天上地下唯我独尊的高姿态出现在别人面前，过多地展现自己，那么不仅会招来别人的妒忌，而且别人也不会和我们成为朋友，有的甚至还会成为我们的“敌人”。

总之，在现实生活中要懂得“舍得”二字，即使自己再优秀，也要遮掩锋芒，做一朵不显眼的花，这样别人才不会因为被夺去了光彩而愤恨不已，才会被我们所吸引，我们的人缘也才会越来越好。

第二章

舍得利益，得淡泊

人际中的喜怒哀乐，似乎都与利益相关。
但是，利益也是一堵墙，如果你看不透它，
就会被它深深迷惑，难以淡然。

利益与智商

在人际交往的过程中，又何必把得与失看得那么清楚呢？为了利益把账算得太清、弄得太明白实在不值得。何必为了分清谁占便宜、谁吃亏而伤害友谊呢？在利益面前，还是糊涂一些好。

据《桐城县志》记载，清代康熙年间文华殿大学士兼礼部尚书张英的老家人与邻居吴家在宅基地问题上发生了争执。两家大院的宅基地都是祖上的产业，因时间久远，本来就是一笔糊涂账。两家在争执中，公说公有理，婆说婆有理，谁也不肯相让一丝一毫。

由于牵涉到宰相大人，官府和旁人都不愿沾惹是非。纠纷越闹越大，张家人只好飞书京城，让张英打招呼“摆平”吴家。

张英大人阅过来信，只是淡然一笑，旁边的人面面相觑、莫名其妙。只见张大人挥起大笔，一首诗一挥而就：“一纸家书只为墙，让他三尺又何妨。万里长城今犹在，不见当年秦始皇。”他把信交给来人，命快速带回老家。家里人一见书信回来，喜不自禁，但打开后看到信的内容却十分失望。

后来张家人一合计，确实也只有“让”这唯一的办法，既然争之不来，不如让三尺看看，于是立即动员将垣墙拆让三尺，大家都交口称赞张英及其家人的旷达态度。张英的行为正应了那句古话：“宰相肚里能撑船。”宰相一家的忍让行为感动得邻居一家人热泪盈眶，全家一致同意也把围墙向后退三尺。两家人的争端很快平息了，两家之间空了一条巷子，有六尺宽，有张家的一半，也有吴家的一半。这条几十丈长的巷子虽短，留给人们的思索却很长。

正所谓“远亲不如近邻”，邻里之间相处又何必把利益分得那么清楚呢？

人有时候用不着太精明，该糊涂的时候不妨糊涂一些，这样才能赢得更多的尊重，赢得更多的朋友。

在唐朝，有一位大将叫郭子仪，他用兵如神，立过无数战功，为保卫大唐江山立下了汗马功劳，然而在别人眼里他却并不是一个精明的人，而是一个非常糊涂的人，尤其是在涉及自身利益的时候，糊涂得连他的家人都非常生气。

郭子仪以前只不过是一名武官，与唐朝另一位名将李光弼同时在朔方节度使麾下当差，但两人素来不合，经常为了一些小事争吵，甚至大打出手，到后来两人从见面不说话，到不同席吃饭，再到不一起共事，局面十分尴尬。

安史之乱爆发后，大唐王朝处于风雨飘摇之中，唐肃宗封郭子仪为大将，命他带兵平叛。奇怪的是，郭子仪向唐肃宗推荐的第一个人就是李光弼，甚至还把自己的一部分兵力分给李光弼，让他到战场上建功立业。李光弼指挥着郭子仪分给他的兵力在战场上屡立战功，一举成为与郭子仪齐名的功臣。从此两人冰释前嫌，化敌为友。

做人就应该像郭子仪那样，在利益面前糊涂一点，把好处和利益分给别人，虽然从表面上看自己损失了一点利益，但是迎来的却是朋友，获得的却是友谊。

有些事，我们知道了倒不如不知道，认识到了倒不如不认识。其实，人生最好的选择就是在利益面前糊涂一些，不要计较那么多，好事自然会找上门来，因为上天是公平的，当它为你关上一扇门时，必然也会为你敞开另一扇窗。

在人际交往过程中，千万不要太精明，难得糊涂是交际过程中的一大基本原则。只有让自己糊涂些，糊涂地看待利益和矛盾，才能化解矛盾，才会有更多的人愿意和你交往，才会使自己的友谊之路更加宽广。

—— 以“利”交友 ——

就像《红楼梦》开篇的道士、和尚所说：“世人都晓神仙好，唯有功名忘不了；古今将相在何方，荒冢一堆草没了。世人都晓神仙好，只有金银忘不了；终朝只恨聚无多，及到多时眼闭了。”人们总是羡慕神仙，可是又忘不了功名利禄，忘不了那些生不带来死不带去的东西，所以他们没有神仙逍遥快乐。

在日常交际过程中，人们总是戴着有色眼镜去看待别人，看别人是不是达官显贵、是不是腰缠万贯，可这样又有什么用呢？别人的身份地位与我们又有什么关系呢？我们要的是朋友、是别人真诚的心，而不是他们的身份地位、他们的财富。有些时候，我们做人不应该太聪明，而要少些功利心，切勿以貌取人，以财取人。

著名文学家苏轼出身于书香门第，才高八斗，学富五车，在当时非常有名望。有一次他穿了件很普通的衣服去寺庙里参禅，那个方丈虽然是个出家之人，但却非常势力，他看苏轼的穿着打扮，觉得他是一个穷书生，于是就拉下脸来对苏轼爱答不理地说：“坐。”然后又吩咐小沙弥：“茶。”

苏轼知道方丈以貌取人，因为自己的穿着而看不起自己，但他并没有在意，只是笑了笑。

方丈和苏轼聊了一会儿之后，惊讶地发现他谈吐不俗，且很有思想，对佛的领悟也很深，于是赶忙把他请到禅房详谈，对他说：“请坐。”然后又吩咐小沙弥：“敬茶。”

他们又聊了一会儿，方丈发现苏轼不仅学识渊博，而且对佛学有精深的看法，举手投足之间也蕴含着良好的教养和丰富的内涵。方丈觉得他不像是个一般的人，于是说：“敢问施主尊姓大名。”苏轼笑了笑并没有隐瞒，如实告诉他：“小生名苏轼，号东坡。”方丈眼睛一亮，马上转变了态度，恭恭敬敬地对苏轼说：“请上座。”又赶忙吩咐小沙弥：“敬好茶。”

最后，当苏轼起身告辞的时候，方丈恳请他为寺院留下墨宝，想通过他的名望来提升寺院的声望，多招揽些香客。苏轼欣然应允，于是取过笔墨纸砚，提笔写了一副对联：“坐，请坐，请上坐；茶，敬茶，敬好茶。”

方丈看了那副讽刺自己的对联，感到非常羞愧，痛恨自己有眼不识泰山。

正所谓：“人不可貌相，海水不可斗量。”在日常生活中，我

们切不可以貌取人，就像那个老方丈一样，本来身为出家之人，就应该跳出三界外，不在五行中，更应该看淡功名利禄，那些俗尘琐事就不应该入他的眼睛。可是这个和尚却没有看破，而怀着一颗功利之心看人。当他遇到大文豪苏东坡的时候，仍然以貌取人，有眼不识泰山，结果自取其辱。

在现实生活中也是如此，有的人事业风光，有的人下岗失业；有的人口齿伶俐，有的人木讷愚钝……但这并不应该成为我们选择朋友的参考。

所有人的人格都应该是平等的，世界上谁也不会比谁高贵多少。平等和尊重已经成为人际交往的不二法门，人人都需要得到别人的尊重，因此，我们不必太精明，总怀着一颗功利心去看待周围的人，一心想要去结交达官显贵，这样是结交不到真正朋友的。

在与人交往的过程中，我们应该带着平和的心态去交往，看淡一切，把那些功利之心全部抛开，用一颗平和真诚的心去对待别人，那么换来的也一定是别人的真心。那些暂时不如你的人也许日后就会成为你的伯乐，或许在你遇到困难、面临危难的时候，他能拯救你于水火，助你一臂之力。

做人何须太精明，难得糊涂才是诚。交友少些功利心，天涯到处是亲朋。舍得功利心，真心诚意地对待身边的每一个人，你会发现，自己可以轻松地换来别人的真心，即使在天涯海角都有可能交到朋友。

分“利”受“益”

利益与你最珍贵的东西，如人格、口碑、品质等，你会选择哪一样呢？

在人际交往过程中，千万不要因为眼前的一些蝇头小利而失去了最珍贵的人格。舍弃一时的利益，也许你会觉得失去了很多，但实际上你赢得了比利益更为珍贵的东西，那就是高尚的人格、良好的口碑，这些远比眼前的利益要珍贵得多。

丘吉尔小的时候非常顽皮，总是喜欢四处乱跑。有一次，他失足掉进了粪坑里，于是拼命地大声呼喊救命，眼看就要被淹死了。正在这时，一个人跳下去，把他从粪坑里救了出来，丘吉尔才捡回了一条命。

这个人名叫弗莱明，是个农民。当时他正好在地里干活，忽然听到有人喊救命，赶忙放下农具，循着声音的方向跑了过来。这时他才发现，原来有个孩子掉进了粪坑里，便奋不顾身地跳进粪坑把小孩救了上来。

过了几天，丘吉尔的父亲专门前去拜访弗莱明。为了感谢他救了自己的儿子，他拿出一大笔钱送给弗莱明，作为报答。可是弗莱明说什么也不要，他说:“我并不是因为钱才救您儿子的，所以我不能因为救您的孩子而接受报酬。”丘吉尔的父亲听完弗莱明的话，更加敬佩他的为人，但是如果不报答，他的良心会过意不去。

正在这时，弗莱明的儿子跑了进来，丘吉尔的父亲问道:“这是您的儿子?”弗莱明点了点头。于是丘吉尔的父亲便有了主意，他说:“我非常敬佩您的为人，要不这样吧，我把您的儿子带走，让他接受良好的教育，希望他将来能够成为有用的人，好吗?”

弗莱明虽然舍不得儿子，但是面对丘吉尔父亲的盛情，又考虑到自己儿子的将来，便答应了。

丘吉尔的父亲将小弗莱明带走后，对其精心培养，经过多年的刻苦学习，小弗莱明终于不负所望，成为一名细菌学家，发明青霉素救活了千万条生命，他就是亚历山大·弗莱明——诺贝尔奖的获得者。

在弗莱明看来，利益并不是第一位的，也不是最珍贵的，最珍贵的是自己的人格，他不会为了金钱而去救人。正是被他这种高尚的品格所打动，丘吉尔的父亲对他的为人更加敬佩。为了报答和结交弗莱明，他才决定培养弗莱明的儿子，让他接受良好的教育。

试想，如果弗莱明是一个看重利益的人，面对丘吉尔的父亲给他的酬金便欣然接受，那么他的儿子亚历山大·弗莱明还会有机会接受良好教育吗？他的儿子还有机会成为一名举世闻名的医生吗？

佛家说："人生历世，多一物多一心，少一物少一念，不为外物所拘束，才会过得心安理得。"人生在世就是这样，一生都在取舍中度过，在舍与得之间徘徊。就像走路一样，人生总是有很多十字路口，总是需要我们选择，需要我们取舍。选择不同的路，看到的就会是不同的风景。只有留住最珍贵的东西，放弃那些虚无缥缈的身外之物，我们的人生才会是精彩的。

在实际交际中也是如此，一个人要想得到更多的朋友，要想让自己的友谊之路更为长远，就应该权衡利弊、舍小取大，不要为了眼前的利益而舍弃高贵的品质，保留住自己最珍贵的品质，才能赢得别人的信任和支持。

人生最珍贵的东西并不是眼前的利益，还有比利益更为珍贵的东西。千万不要为了利益而失去我们生命中最珍贵的东西，要记得保留自身高贵的品质，你会发现自己收获得更多。

君子之交

在社会上，每个人都有很多朋友，但是并不一定每一个朋友都是我们的知己，也并非所有的朋友都是我们真正的朋友。真正的朋友在于为彼此付出了多少真心。长久的友谊并不像花一样芳香，因为花儿再香也会有凋零的时刻；长久的友谊像水，任时光飞逝也不会有变质的一天。

有人说："朋友，不一定合情合理，但一定知心知意；朋友，不一定形影不离，但一定惺惺相惜；朋友，不一定锦上添花，但一定雪中送炭；朋友之间，不一定常联系，但在心里一定会有一个位置为朋友留着。"

真正的朋友是值得我们珍惜和信赖的知己，是我们最信任的人；是那些懂得付出，不强调索取，能够与我们同甘共苦的人；是那些在我们最困难的时候，能够主动站出来为我们说话的人；是那些给我们安慰、为我们做事，给我们帮忙、为我们解除烦恼的人；是那些当我们痛苦的时候，能够伸手给我们力量的人；是那些当我们哭的时候，陪我们一起掉眼泪的人……

唐朝贞观年间，有一位有名的大将叫薛仁贵，他在参军入伍之前家境非常贫困，和妻子住在一个破窑洞里，过着食不果腹、衣不蔽体的生活，多亏了一个叫王茂生的朋友靠卖豆腐接济他们。

后来，薛仁贵参军入伍，他的妻儿也是靠王茂生夫妇接济才不至于饿死的。薛仁贵随唐太宗御驾东征平叛勃辽叛乱，在战场上，他战功赫赫，受到唐太宗的赏识，被封为“平辽王”，从此他身价倍增，踏上了青云路。他从一个名不见经传的平民，一跃成为王侯，来给他送礼的达官显贵络绎不绝，但都被他婉言谢绝了。

王茂生想要看看薛仁贵是否忘记了贫贱之交，他将酒坛子装满了清水之后，谎称是美酒送到薛王府。奇怪的是薛仁贵什么礼都没收，却唯独收下了这两坛“美酒”，并且请王茂生到王府赴宴。在他的餐桌上摆放着王茂生送的两坛“美酒”，而其他宾客的餐桌上摆放的是王府的酒。他当着王茂生的面喝了一碗，并称：“真是好酒啊。”王茂生很惭愧，便说了实情，可是薛仁贵并没有怪罪于他，而是当着众人的面，又将三碗清水一饮而尽。

他对大家说：“我和夫人过去连吃穿都成问题，全靠王茂生大哥夫妇的接济，我才有了今天。如今我美酒不沾、厚礼不要，唯独就要王茂生大哥的两坛清水。虽然这是清水，但是它却比任何美酒都要香甜。因为我知道王大哥家里没有钱打酒，这两坛清水也是王大哥的一番盛情。朋友之间，就应该像这样，即便是清水也能喝出美酒般的香甜。”从此以后，薛仁贵把王茂生一家接过来，让王茂生来帮自己管理王府。

薛仁贵与王茂生之间的情谊因为平淡而越加弥足珍贵。因为友谊不是靠金钱来衡量的，而是靠自己用心去经营的。只要用心去与朋友相处，那将比任何的金银财宝都珍贵，比任何的身份地位都高贵。

就像庄子所言：“君子之交淡若水，小人之交甘若醴。君子淡以亲，小人甘以绝。”君子之间的感情像水一样淡而无味，而就是因为这种平淡，朋友之间才有轻松自在的感觉，朋友之间的关系才会更为长久；太过于甘甜却会使人疏远，让人感觉是一种负担，疏远也就成为不可避免的趋势。

君子之交就是要我们在现实的交际过程中减少一些功利心，不要掺杂太多的利益得失，因为友谊是一种享受，而不是一种负担，要想交到知心的朋友，就要用一颗平和的心去交换；因为友谊不需要豪言壮语，不需要矫揉造作，更不需要我们用任何的功名利禄去交换。

真正的君子之交需要我们之间多一些平淡，不管时间过去多久，在内心深处总是为对方留一个角落。见面也不需要太多的客套，只需彼此欣赏，享受一下相聚的喜悦，没有吹捧，没有猜忌，就像清水一样透明。

总之，君子之间的交往平淡无奇，没有互相奉承，没有豪言壮语，只有两坛清水。舍得那些虚假的客套，舍得那些豪言壮语，我们才会获得更为长久的友谊。

私心

有人说："趋利避害是人的本性，人都是自私的，总是爱自己比爱别人多一点。"所以，人们时常为得到一些利益而与别人争得面红耳赤、不可开交。有时候，有的人为了自己的利益不惜损害别人的利益，将自己的幸福建立在别人的痛苦之上，这样的人又怎么可能有真正的朋友，又有谁愿意和他交往呢？

试想，如果每个人都因为一点蝇头小利而争执不休的话，那么我们的人际关系会是什么样子呢？到最后不仅会把原来很好的人际关系搞僵，而且自己什么也得不到，这样岂不是得不偿失吗？

曾经有一群年轻人，非常具有挑战精神。有一天，他们想挑战沙漠。于是，他们做好准备，带上充足的食物和水，走进了黄沙滚滚的沙漠。

沙漠的环境实在是太恶劣了，他们与恶劣的环境进行顽强斗争，随着时间的推移，他们带的干粮和水在逐渐减少。在恶劣的环境中，有些人支持不住了，有的人饿死了，有的人渴死了。几天后，只剩下两个人还活着。他们相互扶持，在沙漠里艰难前行。

又过了几天，他们仍然没有走出沙漠。可是，此时他们只剩下一袋面包和一瓶水了。他们决定吃掉最后这些东西来补充体力，做最后的努力。

当他们看到眼前仅剩的食物和水的时候，便开始争抢起来，甚至大打出手。结果一个人抢到了面包，另一个人抢到了水。自私的本性让他们只想着自己，谁也不肯让谁，谁也不肯分给彼此一点。结果可想而知，抢到水的人，饿死了，抢到面包的人，渴死了。到最后，他们谁也没有获得利益，全都葬身于沙漠之中。

自私不断充斥着我们的生活，摧残着我们的人际关系，它如同一堵墙，把我们与外界隔绝，不允许我们与任何人交往。要想获得良好的人际关系，就必须摒弃自私，主动让利。到最后，我们会发现自己不但没有吃亏，而且拥有了更好的人际关系。

李嘉诚的儿子李泽楷在接受记者采访的时候，记者问他：“您的父亲是华人首富，而且您自己也那么优秀，真是将门虎子，是不是您的父亲教会了您很多赚钱的方法呢？能和我们说说吗？”

李泽楷摇了摇头，回答道：“父亲什么赚钱的方法都没有教过我，他只对我说，每一个人都很不容易，在与别人合作的时候，不要总是想着自己利益的得失，要把别人的利益放在第一位。在与别人合作的时候，假如李家拿七分合理，八分也可以，那么李家只拿六分就可以。如果生意做得不理想，我们宁愿不要任何利益。”

正是因为这种不自私的原则，凡是与李嘉诚合作过一次的人都愿意继续与他合作，而且还会给他介绍一些新的朋友，再扩大到朋友的朋友，这些人都成为他的客户。有了好的人缘，生意也就越做越大，让自己的利益倍增，结果反而成就了李嘉诚，使他成为华人首富。而他的儿子也是秉承着父亲的处世原则，才成为身价过亿的富翁。

正所谓：“人之初，性本善。”“恻隐之心，人皆有之。”在为人处世上，只要我们舍掉自私，心存善意，那么就会拥有良好的人际关系。同时，舍得舍得，有舍才有得。人都是有感情的，每个人都懂得“投桃报李”的道理，当别人接受你的桃子的时候，必然会给你其他礼物作为回报。

明白了这些道理之后，如果你想拥有更好的人际关系，那么就请舍掉自私，推倒阻断我们人际关系的这道墙，以无畏的精神和态度去迎接更多朋友，迎来更好的人缘。

笑出来的感情

金钱是朋友之间最大的威胁，周立波曾说过：“如果想让你的朋友迅速离你而去，那就频繁找你的朋友借钱吧。经过几次借钱，你的朋友一见到你，就会望风而逃。”虽然他的语言比较犀利、有些夸张，但是有些时候，朋友之间过分强调金钱，或者对金钱过于计较，确实会伤害朋友之间的感情。

俗话说：“交友交义不交财，交财两不来；要想朋友好，银钱少打扰。”即使彼此的感情非常深厚，但是如果对金钱利益过于计较，那么友谊也会变得脆弱不堪。到最后，有可能会把自己置于人际关系的难题之中。

阿明和阿林是从小长大的好朋友，他们大学毕业后一起合租房子，两个人的感情非常好，经常吃喝不分。两人领完工资就放在客厅的柜子里，谁想用就直接去客厅的柜子里拿。两人的感情羡煞旁人。

可是好景不长，由于工作上的调动，两个人不得不分开，各自租房。虽然他们不住在一起，可是感情却和往常一样，如果谁缺钱就说一声，另一个立刻就会给对方送过去，从来都不记账。

后来，阿林交了一个女朋友，于是他的花费就大了起来，常常因此跟阿明借钱，却从来不提还钱的事。时间一长，阿明就有些不高兴了。有一次，阿林又向阿明张嘴借钱，阿明毫不留情地拒绝了他，于是阿林生气了，跟别人说阿明不念及朋友情谊，向他借点钱都不肯。这话传到了阿明的耳朵里，阿明非常气愤。

就这样，两个昔日的好友如今却势同水火，谁也不理谁，别人曾经认为坚不可破的友谊之塔就这样在金钱的面前轰然倒塌了。

可以说，向别人借钱或者借钱给别人，最大的危险不是钱的问题，而是让感情里夹杂了利益的成分。利益是一把双面带刺的刀子，稍有意外就会伤人伤己。

朋友之间贵在情意，一个人要想在友谊之路上走得长远，不能总是想着占对方的便宜。任何人都不比别人傻多少，如果你总是一味地想占朋友的便宜，那么朋友迟早会因为你的自私而离你远去。

滴水之恩当涌泉相报，这是做人的基本准则，朋友之间应该懂得互相帮助、有来有往才会让两个人的友谊更加牢固。不能把别人的帮助当成是理所应当，否则的话只会让朋友舍你而去。

马克思对恩格斯的才能十分敬佩，说自己总是踏着恩格斯的脚印走。恩格斯则认为马克思的才能超过自己，在他们的共同事业中，马克思是第一提琴手而自己是第二提琴手。《资本论》这部经典著作的写作及出版，就是他们伟大友谊的结晶。

1848 年大革命失败后，恩格斯不得不回到曼彻斯特营业所从事商务活动。这使恩格斯十分懊恼，他曾不止一次地把它称作“该死的生意经”，并且不止一次地下决心永远摆脱这些事，去干自己喜爱的政治活动和科学研究。然而，当恩格斯想到被迫流亡英国伦敦的马克思一家经常以面包和土豆充饥，过着贫困的生活时，他就抛开弃商念头，咬紧牙关，坚持下去，并取得了成功。这样做，为的是能在物质上帮助马克思，从而使朋友，也使共产主义运动最优秀的思想家得到保存，使《资本论》早日写成并得以出版。

于是，每个月，有时甚至是每个星期，都有一张张汇票从曼彻斯特寄往伦敦。1864 年，恩格斯成为曼彻斯特欧门—恩格斯公司的合伙人，从而能够对马克思加大援助。几年后，他把公司合伙股权卖出以后，每年赠给马克思 350 英镑。这些钱加起来，大大超过了马克思的家庭开支。

马克思与恩格斯这两位革命巨人之间的友谊是值得欣赏和学

习的。在他们身上，我们能够发现友谊的闪光点。朋友之间只有不计回报地付出和帮助，友谊之路才能长长久久。

朋友之间的相处之道，就应该首先为对方着想，顾及朋友的利益，而不能在朋友面前计较利益的得失。总是想着自己拿大头，让朋友吃亏，那样我们将没有任何朋友。相反，如果我们能把更好的利益让给朋友，友谊才会长久。

在交际的过程中，只有懂得“舍得”二字，舍得把利益让给别人，利益才不会在我们和朋友之间挖出一条不可逾越的鸿沟，才不会伤害我们和朋友之间的感情，导致人际关系失败。

第三章

舍得外物，得内心

如果外物充斥了你的心，你就没有了心。

没有心的灵魂是没有归宿的。

让心安宁

人生在世，难免会遇到不顺心、不如意的事情，我们不能对外界要求过多，不能期望有一个最完美的世界、和和气气的邻居、友善易处的同事，也不能期待总是风和日丽、阳光明媚、鸟语花香。

如果你想拥有一个舒适、美好的世界，就试着先改变自己吧！常言道，世界并不缺少美，缺少的是一双双发现美的眼睛。既然如此，我们何不学着调整、改变自己呢？毕竟调整自己比改变世界容易多了！

罗伯特·米尔是德国人，已经健康地活过了一百岁。他参加过第一次世界大战，也是德国仅存的一位参加过一战的老兵。据说，他是德国最长寿的老人之一。

关于罗伯特的长寿秘诀，德国的各大报纸都曾报道过，概括起来有三条：家族中有长寿基因；喜欢简单的饮食；偶尔喝一点红葡萄酒。然而，他生活中的另外一些故事却常常被人忽略。前不久，德国《图片报》刊载了他二战中经历的一件事，读后让人感到真正使他长寿的可能不止那三点，还有其他一些东西。

1940 年 7 月，罗伯特的邻居，也是他的好朋友约索夫被送进了集中营，临离开家的前一天夜里，他把自己的五万马克委托给米尔保管。他说：我走了，我的妻子和孩子请你帮我照顾好。这些钱没有人知道，连我的妻子、孩子都不知道，我怕他们经不起纳粹的折腾说出去而连累你。拜托你了，我的朋友。

约索夫被带走的第二天，他的妻子和孩子也被带走了。他们被关在了什么地方，米尔也不知道。五万马克现金就这样留在了他的手上。为了稳妥起见，米尔以个人的名义，把钱分散存在了四家银行里，然后他就把存折秘密地藏了起来。这件事他也没敢告诉自己的妻子，因为他怕走漏了风声，被以窝赃罪的罪名枪毙。

可是，这一等就是五年，直至二战结束，他都没见到邻居的踪影。米尔想，也许他们全都死了，这笔钱看来是无法奉还了。不过，米尔依旧没有动用它们。

1965 年，米尔六十八岁，他的家庭发生了一次大的变故，他与儿子联合经营的一个机械厂倒闭了。祸不单行，这一年他的妻子还摔断了腿。为了走出生活的困境，米尔想到了约索夫的那五万元钱。可是，就在他准备从银行里取出这笔钱的时候，他在报上看到一篇纪念反法西斯战争胜利二十周年的文章，作者是安迪 · 约索夫。看过文章的内容后，米尔断定，这位作者就是约索夫的小儿子。也就是说，约索夫的家人没有全部死掉，至少他的小儿子活了下来。但是，这五万马克，约索夫的小儿子根本不知道。

米尔顿时陷入空前的矛盾之中。他说："我一生之中，仅有三个晚上没有睡好觉，全发生在看到那篇回忆文章之后。是归还这笔没人知道的巨款，还是拿出来拯救自己？"

四十年后，当记者问起他对这件事做何感想时，他感慨道："令我骄傲的是，我选择了前者。"

关于米尔的故事还有许多，但是这个故事告诉人们：心灵的内在安宁，才是幸福、长寿最不可或缺的因素。要知道，人们称之为"良心"的东西确实是存在的，虽然它无色无形，却渗透在每一个人的每一寸肌肤。一个人如果撒了谎，或者说隐瞒了事实，即使没有任何人知道，他的良心也会因此而感到不安，这种不安会蚕食那个被人们称为"生命"的东西，随着时间的流逝，这种远甚于生理痛苦的心灵折磨与拷问足以将生命消耗殆尽。

良心与生命，两个看似风马牛不相及的词汇却有着深刻的、发人深省的联系。

心爱

对她而言，那不是一枚普通的银戒指，不是一句爱情的信物就能简单解释的，它甚至比生命还重要。

两个刚刚毕业的穷学生住在简陋的地下室里，那时他们一贫如洗。冬天的时候，他们只能一起去商场取暖，因为地下室里没有暖气。他们还常常把超市里处理的菜买回来，不放什么油，只用水煮煮放点调料就吃掉。

但是他爱她，在她生日的时候会记得给她买个哈密瓜，在情人节时记得买一枝打折玫瑰送给她，所以她觉得自己的生活很幸福，一点都不苦。

终于要步入婚姻了，可他除去地下室的被子和移动衣柜外几乎一无所有。但是他觉得还是应该给她买一样东西：它象征天长地久，可以把自己的爱人拴住，一生一世情爱相随。它，就是那小小的戒指。

但那时他太穷了，挣的钱也就能够解决温饱而已，其他消费都是奢望。每当他们牵着手去逛街时，她总是尽力避开卖高档物品的柜台，她怕他为难。

那是他最难过的时刻。他想，他会让她过上好日子的。但现在，即使再穷，他也要给她买一枚戒指。

终于，他给她买了一枚十分精致的银戒指。当她高兴地戴在手上时，满足的模样让他心疼。

两个人请了几个同学和朋友吃了顿饭就算结婚了。她一直追问他哪里来的钱买戒指，他说从同学那里借来的。

直到结婚半年后，她收拾屋子时，从抽屉最里边发现了一张单子，一张卖血的单子！她的眼泪奔涌而出。这个男人所给予她的，何止是一枚戒指？

她想，为了这枚戒指，他就值得她生死相随。

十年之后，他成了有名的房地产商人，开豪车，住别墅，交际广泛，志得意满，一时风光无限，人也渐渐变得花心。

很多时候，她一个人守着空房子，守着寂寞回忆过去。她现在有很多枚戒指，钻石的，宝玉的，黄金的，应有尽有，都是他买给她的，但她最爱的还是那枚已经有点陈旧、过时的银戒指，因为它有着太多刻骨铭心的记忆。

一天，他带她去一个晚宴参加应酬，通常这种社交场合都要带太太的。虽然他已不再爱她，但她依旧是他的太太；虽然她已不再年轻、漂亮，可是她却拥有那么朴素、和善的气质。

参加宴会的那些太太们个个珠光宝气，每人手上都戴着至少两枚以上的钻戒。只有她，一身黑衣，手上只有那枚银戒指。他觉得她太寒酸，丢了自己的脸面。

他嚷着，你就愿意这么寒酸是吗？你不知道这样多丢人吗？好像咱们家多穷似的。

她盯着他：知道我为什么一直戴着这枚戒指吗？知道为什么你去欢场上纵情而我没有和你离婚吗？因为我知道这枚戒指是一个人卖血为我买来的，因为我曾对着它发誓要和你厮守终生！

他呆住了，眼泪夺眶而出。他紧紧搂住自己的妻，走，我们就戴着它！

原来，她一直都在用自己的爱呼唤着他。那天晚上，这个在他心中已经不再美丽的女人突然之间让他懂得了，夫妻之间那种爱已化作一朵美丽、纯洁的莲花悄然绽放，而他却一直没有闻到。直到听了妻子的那些话他才意识到，爱一个人，原来可以爱到忘记一切。

最纯粹的爱原本就是最朴素的。当时光流逝，身边的一切都在改变、消失，只有真爱不会，它会永远留在你的心底。

当你整天忙忙碌碌寻找新鲜事物的时候，可曾意识到你所拥有的最宝贵的东西在渐渐失去？

他不是个会给女人买东西的男人，唯一能做到的是每次出差的时候为她买一条具有纪念意义的围巾。他们结婚将近十二年，他送的围巾已经放满了半个衣柜，长的、短的、丝的、麻的，每一条围巾她都能甜蜜地讲出一段长长的故事。

女人一旦结了婚，感情上就很容易死心塌地，她常开玩笑地对朋友抱怨说，她是被他用围巾套牢的。话虽如此，她心里很是自豪。

女人的心是稳定了，可婚后男人的热度是会逐渐下降和转移的，这种改变事后回忆起来连他自己也觉得不可思议。十几年来的婚姻形成的这个习惯并没有更改，每次出差回来依然送给她围巾，他却再也没有了当初欣赏的心情。他的目光已经转移到了另外一个女人身上。

那是他工作交往中认识的女人，叫枫。她热情似火、笑靥如花，洁白的牙齿让他心动，身上淡淡的香水味夹杂着年轻的气息让他痴迷，她和妻完全是两种类型的人。一个中年的男人就这么猝不及防地被迷住了。

他开始借口工作忙而早出晚归。她没有丝毫的怨言，一直以来她都很信任他，因为她固执地认为一个能为女人买丝巾的男人怎么可能背叛?

随着他晚归的次数越来越多，她已经有所察觉，但起码的修养让她不露声色，只是在他穿衣打扮的时候淡淡地说，你怎么现在开始讲究起来了。像是自言自语，又像是开玩笑。他并没有当一回事，婚外情就这么继续下去了。

他不记得从什么时候开始，她的话变得特别少，对他不冷不热。那一段时间，每隔两天，她就会换一条丝巾，都是他买给她的，问她，她也只是说那时候的围巾有感情纯度。

只是每次在她出门前仔细在镜前系围巾时，他心里都会有一种奇怪的条件反射，好像是时光倒流了，他居然回忆起那时的各种情景：那条灰色的丝巾只花了五元钱，妻系上它乐得格格笑；那条红色带小花的丝巾是他们结婚五周年纪念日时他给她买的，那一天她系着它和他去散步，那一晚好像风很大，她的丝巾在风中飘来荡去……那些日子他们很快乐。

每次出门时，她的脸色都有些苍白，但依然很平静，而他开始有了越来越多的不安。

终于，她和他摊牌了：“我们谈谈吧。”

她说：“如果我不问，你到底要瞒我到什么时候？”他无言以对，只是低下头连声说对不起。停顿了片刻，她好像极力在控制自己的眼泪，悠悠地说：“其实我十分痛苦，不过现在好多了。我以前只是在逃避，我怕我没有承受的能力，我只想在离婚前让自己有足够的承受力去接受这件事。这段时间我每天去找我的好朋友，在她们面前哭泣、发泄；每天我会去练瑜伽，上心理学培训班，把自己弄得很累。我想象自己已经离开你了，学会了自己活下去，其实我发现我还是挺优秀的。我没有大吵大闹并不是我多有修养，我只是想为自己找一个缓冲的机会。我把这些年你送我的围巾全部重新戴了一遍，现在四十九条丝巾谢幕了，我们的故事也该结束了。”

她流着泪说完这段话。这是这段时间以来她第一次在他面前流泪。他的心像打翻了五味瓶，痛苦酸楚；她的围巾像一场烟花表演般在他的脑海中呈现，他的泪控制不住落了下来。

她搬到了公司的宿舍里。她走后，他才发现自己整天心神不宁，虽然没人管了，却再也没有了当初偷情的心思。当一个女人积蓄力量离开你时，你会发现，其实你根本离不开她。

他结束了和枫的一切关系。两个月后，他买了一条鲜红的长丝巾来到她的面前：你还会让我给你送一辈子丝巾吗？等将来我们老的时候，把整个柜子填得满满的。她没有说话，他却看到她泪流满面……

人只有自己才能拯救自己。记住，不要让爱你的人失望，否则你会追悔莫及。

贵在平常心

现实中有不少这样的人，当名利尚未得到时，他会尽心竭力、认真经营，甚至把名利当作自己生命的支柱而孜孜追求；可待名利得到后，却战战兢兢、如履薄冰，唯恐一个闪失而丢官失利，弄得自己身心憔悴、未老先衰。宁愿承受如此这般非人的折磨，自然就拥有不了淡泊名利、笑看人生的做人心态。

他们的可悲之处在于，既不知名利为何物，也不知应当怎样去获得名利，更不知应当怎样去驾驭个人之名利。由于这诸多的“不知”，他们往往把名利颠倒过来看，因而总是看不清名利，也得不到名利，不但得不到，还每每走向反面——被名利所捉弄。其根源就在于，他们只记住了“利”，而忘记了“义”。

从年轻时候起她就发誓，将来要住进豪宅，出门要有轿车代步，衣服要追逐时尚，饰品要讲究名牌，每天吃山珍海味，进出大门有仆人迎送，子女也要个个出色。

二十年过去了，豪宅、仆人、名车、精品、美食、子女已样样不缺——但她还是觉得不够，总希望所有的东西都能更气派、更华丽。为此，她将一笔一笔钱拿去做投资，或用来将家里的生活品质精致化。她也继续严厉管教孩子，要他们好上加好。

就在她以为这辈子终于可以开始高枕无忧时，她的噩梦开始了。

她好不容易栽培成功的优秀青年——最为钟爱的儿子，在和父母大吵后潇洒地将门一摔，两手空空地离开，从此再也没有消息。她最宠爱的小女儿进了大学，执意不选她梦寐以求的音乐系，反而读了她认为毫无出路的中文系，整天关在房里写文章、做作家梦。

更难过的是女儿虽然不像儿子那样完全摆脱她，但与离家出走的儿子其实并无两样。女儿毕业后就出去赚取自己的生活费用，存够了钱就邀朋友一同外出旅游，回家后又关进自己的小天地。虽两人还住在同一个屋檐下，但基本上是话不投机半句多。

她的先生自始至终都在埋头赚他最爱的钱。慢慢地，她开始觉得自己好像住在高级、精美的真空罐里。

几年时间过去了，一天晚上，女儿一如往常地晚归，看到母亲独坐在客厅沙发上，便淡淡地说："我想在六月份结婚。"

她吃惊极了。女儿什么时候交了男朋友，她竟毫不知情？

再三追问之下，女儿才简单地回答："反正不会是爸妈中意的对象，他只是个穷小子。但我知道我在做什么，不管你们怎么想，六月份我都会结婚。"

她不甘心，平淡的日子多么难过？她不希望女儿吃和她一样的苦。她劝女儿打消嫁穷小子的念头，甚至不惜威胁：如果不听话，她就不为她们办一场豪华的婚礼。

女儿听后，回到房间拿出空白的结婚证书，搁在她面前："请告诉我，除了这张纸，外加一点公证费，结婚还需要什么？"

她支吾半天，答不出来。

女儿又指着她从头到脚所有昂贵的行头，一件一件地数，包括屋里大大小小她引以为豪的摆设和车房里人人称羡的几辆进口名车："没有这些，日子会过不下去吗？如果能换回爸爸在家的时间，如果能换回你……好好看我一眼……我宁愿不要这些。"

这是女儿结婚前对她所说的最后几句话。再见时，女儿已为人妇。从此，她们之间的距离继续无止境地扩大……

我们很容易将工作仅仅视为换取金钱的手段，不计代价地投入工作，再将赚到的钱拿来填补生活的缺口——这原本是很单纯的谋生方式。然而，当我们剥夺太多的单纯与平实，以过多的奢华来装饰时，就得牺牲我们生命中重要的东西去填补。被牺牲的往往是我们最亲近的人，很多时候甚至还得放弃自己。

一个人要掌握金钱还是被金钱掌握，关键在于他是否看得到金钱以外其他更重要的东西。

保持一颗淡泊名利的平常心，在朴实无华的心境中生活，于寂然中品味人生的艰辛，于宁静中净化自己的灵魂，你才不会因怀才不遇而怨天尤人，才不会为暂时的得失而牢骚满腹，才能做到得意时不轻狂、失意时不沮丧。

心的品尝

不管是爱情还是婚姻，都讲究契合。也许不是最好、最优秀的，但却是最温暖、最贴心的。《哈利·波特》已经走向完结，很多人都不明白，为什么赫敏最终和罗恩走在了一起，而不是哈利。

也许在一般人眼里，坚强、机智、美丽的赫敏应该和天才的哈利·波特在一起。可是，爱情不是给别人看的，而是贴心的温暖。两个人相处，不是一时风生水起的波澜壮阔，而是水与水长久相合的熨帖。

有时并非常人眼中的绝配就是最合适的，性格的互补非常重要。记得第一次坐上霍格沃茨特快专列时，赫敏神气活现、自视极高的问话和她最后的那句“你鼻子上有块脏东西，你知道吗”？令罗恩十分不快，他忿忿地表示“分在哪个学院都好，就是不要和她同一学院”！但不幸得很，他们真的同院了，可谓冤家路窄。以后在课堂上赫敏爱出风头的风格和在对待罗恩与哈利违反校规问题上的爱管闲事，又令罗恩恼火地确定“她简直就是一个噩梦”！导火线就这样一下子点燃了。

习惯了被夸奖和肯定的赫敏被这个直率、鲁莽的红发小子打倒了——她躲到女生厕所里不可抑止地痛哭，这是赫敏的自信和傲气第一次受到严峻考验，而且是来自罗恩的。一向坚强、懂事、机智的赫敏和一向善良、固执、迷迷糊糊的罗恩就像一对欢喜冤家，一直吵吵闹闹。但也正是在吵闹中，两个人互相护持，互相激励，共同成长。

在《密室》一书里，罗恩因为赫敏被马尔福辱骂为泥巴种后，愤然对其发动进攻，却反被自己的破魔杖击得狂吐鼻涕虫。他到了海格小屋之后，边吐鼻涕虫边愤愤不平地向大家解释泥巴种的含义，以及他对麻瓜、混血种和纯种的看法——每字每句，义愤填膺，无不显示出他对赫敏的绝对维护。也许，他不能像哈利那样用绝妙的方法去对付马尔福，但是他却用自己的方式来维护赫敏。

相反，赫敏却总是不断地挑罗恩的错，说他投机取巧、不认真等等，可又总是帮他检查作业。而且，只有在帮助罗恩的时候，她才觉得自己的重要，而哈利是不需要她指点的。

赫敏也许会这样想罗恩："真是个又笨又难对付的臭男生！我一定要把他的脑筋给纠正过来！"而罗恩可能又会这样想："真是个爱管闲事的百事通！烦死了，我才不给她好脸色看哩。"

于是，不断的争吵反而磨合了两个人。双方都不自觉地习惯了，习惯成自然，微妙的感情在不知不觉中也进一步升温。

最后，在公共休息室里，赫敏看见罗恩的作业不对，给他指出的时候，罗恩说可别叫他重写，赫敏终于说，可以修改，然后帮他改。赫敏总算不再严厉地责备他又想投机取巧，而是温柔地说“可以修改”，然后主动帮助他改。

坚强、懂事、机智的赫敏和毫无心机、迷迷糊糊的罗恩，都是五十分的两个人，加在一起正好一百分。谁能说这不是一种圆满呢？

尽管我们已经在寻找的时候注意选择与自己脾性相合、生活方式相近的人，但是有些时候要深入接触后才能了解。如果你想寻找到十全十美的另一个人，倒不如去枕着黄粱做梦。

宋敏的丈夫要调到一个千里之遥的城市去，这令她非常沮丧。她很苦恼，思想上产生激烈的抗拒，甚至暗自希望丈夫不要去。后来有一位朋友劝她，说太阳虽然在一个地方落下，却会在另一个地方升起。于是，她决定接受这个改变。

在新的城市，为了结交新朋友，她参加了剪纸班。然而，让她意想不到的是，她竟然还有设计方面的天赋。不久之后，剪纸班的老师为她筹备了一次展览，她的作品大受欢迎。从此许多人向她索求剪纸，委托她剪各种动物，很快她就成为有名的剪纸师了。

她给母亲写信道：“回想当初，我是多么幼稚。这次改变给了我一个机会，让我发现了自己可能永远都不会被发现的才能。”

宋敏在新的尝试机会中发现了自己的才华，并因此成名，走出了一个新的人生。试想，如果她不勇敢地尝试改变自己，只是固执地守着自己的一方天空，也许现在她还只是一个平庸的妻子，正在失败、痛苦的深渊里挣扎呢！这一切都是经过尝试得来的结果，这一切都是顺应矛盾、适时而变得来的意外。

有时候我们往往被自己的内心所束缚，害怕改变，害怕生活中一些新的变化，但是，当我们被现实的处境逼着去改变自我时，通常会在不经意间发现：原来新的尝试也会给自己带来意想不到的收获和快乐！

善心

在当今物欲横流、金钱至上的社会中，人与人之间真诚的关爱最容易使人产生好感。当朋友或同事在生活或工作中遇到困难时，我们若能以亲人般的热情去帮助他们，往往会获得意想不到的友谊。

小时候，奶奶的院子里有很多枣树，每年打枣子，打到差不多时，奶奶就收住竹竿，说不要打了。我说，树梢上还有呢。奶奶说，那些疤瘌货，谁愿意吃，谁就去摘吧。说罢，她捡起地上的枣就领着我们进屋，打开院门。那些等候在院外拾枣的孩子们嬉闹着，飞快地进入院子，纷纷爬上树去，呼叫着从树上敲下好些甜枣来。

其实，那些疤瘌货是奶奶有意留下的，好让别的孩子去寻找、去发现、去游戏、去欢呼雀跃。

犹记得前些年，父亲承包了一口大鱼塘。我们那乡村，鲜有鱼塘，鱼就显得很稀罕。冬天每次干塘捉鱼时，塘边总会围着一大圈人，大人、小孩都有。除了看热闹，大人就顺带捞点小鱼、小虾给孩子们解馋。他们无视天寒地冻，耐心地守在塘边。而父亲也总不会让他们失望，用拖网在塘里来回拖上几圈，把放养的鲤鱼、草鱼网上来后，就收网上岸，那些还在塘里活蹦乱跳的小鱼、小虾就不要了，留给别人去捕捞。于是等候在塘边的男女老少发出一声喊，都乐呵呵地跳进塘里，用洗脸盆、网兜、筛子在水塘里打捞。小鱼、小虾、泥鳅、黄鳝，随便捞几下，也有两三斤。这让一年里连鱼鳞也未见过一片的乡邻尝了回鲜，村里像过节似的，充满了欢乐。所谓一人起塘，全村鱼香。

奶奶常说，我们在地里收获时，要懂得感恩土地。比如水里的鱼虾，记住留点给猫吃，树上的果子，记得留点给鸟吃。像我们村后的那片梨树林，树身高大，每年收获梨子时，一定会留下一些，高高地挂在树梢。调皮的孩子们想吃上不去，也只能干瞪眼。不过没关系，那是留给鸟吃的。因为鸟也不会白吃你的，鸟会留下来，帮助你除虫。如果梨子都摘光了，鸟就飞走了，那么来年的梨树也一定会遭虫害。

《菜根谭》云：路径窄处，留一步与人行。自己侧身而行，让别人也过得去。这种悲天悯人的情怀是一种善良，是一种人性的高贵，也是一种社会和谐的美德。

善待他人不是软弱，也不是迁就，而是一种处世之法，是一种充满智慧的修身之道。牢记这个处事定律：吃小亏加上吃小亏等于占大便宜；占小便宜加上占小便宜等于吃大亏。只有抱着深切的关心，怀着与人为善的态度，才能带来感情上的理解，使对方从心里感到安慰。

学会忘记，学会理解和宽容吧，那将使你减轻痛苦，变得快乐起来。

罗兰是一个人人唾弃的私生女。父亲给了她生命，却拒绝与她的母亲结婚，也不承担任何抚养责任。罗兰在自传中写道：父亲仅仅是一个名词，一个毫无意义的标签，她恨她的父亲。

罗兰成为电影明星之后，曾伤感地说：“小时候，我父亲哪怕一条裙子也从未给我买过。”可在她父亲生病、她去探望时，“他听到我的声音，勉强睁开眼睛笑了一笑，说‘我很高兴’”。从此，“我不再恼恨或诅咒我父亲，我开始真诚地对待他，对他产生怜悯、为他伤心，我对他剩下的只有爱”。

宽恕别人，就是善待自己。仇恨只能让我们的心灵永远陷入痛苦的黑暗之中；而宽恕他人，却能让我们的心灵获得自由，拥有快乐。

在现实生活中，人们的误解太多了，宽恕太少了，各种矛盾几乎统统打成死结，这是一个悲剧。恨是一种强酸，它腐蚀的不仅是被恨者，更是恨人者。

2000年的一天，在法国的一条高速公路上，一对英国夫妇带着年仅六岁的儿子正驾车前往一个旅游胜地。突然，一辆轿车超过他们，一阵乱射之后，他们的儿子中弹身亡。

这对夫妇失去了爱子，他们本应该痛恨这个国家。可是，悲伤过去后，他们作出一个惊人的决定：把儿子健康的器官捐给法国人！要知道，在法国，即使是本国公民自愿捐献器官的也很罕见，更别说非正常死亡的外国人。很快，一个十二岁的少女接受了眼角膜，一个十一岁的少年得到了心脏，一个十八岁的女孩换上了肝脏，另外两个孩子分别得到了两个肾脏。五个法国人在这份生命的馈赠中得救了。

这件轰动一时的事令所有的法国人感动不已！因为这对夫妇拥有海纳百川的胸怀以及忘记仇恨、悲天悯人的情操，还有以德报怨的人生境界。

仇恨带给人们的痛苦太深重了。这对英国夫妇为人们树立了一个化解仇恨的榜样。他们的爱子在异国惨死，可他们却理智地放弃仇恨，并作出了惊世骇俗的决定，使五个年轻人能够延续生命，使惨死的儿子永远活在法国人的心中。

其实，宽恕别人，能让我们的身心变得健康，生活变得愉快，得益最大的还是我们自己。

瑞士的研究人员组织一批志愿者做了一项关于“宽恕”的实验。

志愿者们被要求想象他们被人伤害了，并反复“回忆”被伤害时的情景。通过观察研究人员发现，志愿者此时在身体上和精神上的压力同时增大，他们的心跳加快、面部扭曲，并伴随着血压升高。当研究人员要求他们停止想象时，尽管生理反应没有刚才的大，但是某些生理症状依然存在。最后，当志愿者们被要求想象自己已经原谅了“假想敌”时，他们普遍感到身心放松并且非常愉快。

研究人员得出如下结论：宽恕别人，并不意味着为犯错的人找借口，而是发现他们好的方面，把自己从痛苦中拯救出来。也就是说，不要拿别人的错误来惩罚自己。

很多人只知道“以牙还牙、以眼还眼”的原则，而放弃了“以善相待”的为人之道，总以为只有把对方搞得吃不香、睡不好才是人生快事。实际上，这样做在伤了对方的同时也害了自己。智者要不计前嫌，放下恩怨，敞开胸怀，与人和谐相处，这样才能把心思集中在自己所要做的大事上。

善待自己最好的方法就是忘掉恩怨和仇恨。一个成功的、快乐的人，是懂得宽恕别人的人。要学会宽恕，因为宽恕就是爱。

我的心很近

最初，人的欲望应该是小而卑微、合乎实际的，却挡不住外界的诱惑、他人的劝说以及周围的衬托……这些就像是打气筒里的气，把那个叫作欲望的胎一点点撑起来，撑得鼓鼓的，让人看着就感觉饱胀。于是，无数个烦恼也就产生了。

刘打算买一台电视，约了一个朋友陪他去选购。

刘是工薪族，收入有限，电器的更新换代又比较快，所以他主动给自己设了一道底线：不能超出五千元。他早看中了一款，带着朋友直奔专卖店。迎面来的导购先生，职业化的微笑、优雅的手势，给人的感觉很舒心。他熟练地介绍这款电视的性能、特点和价格，听得刘直含笑，一脸满意，一旁的朋友也频频点头。的确，这是一款性价比不错的电视，完全符合刘的选择标准。

了解得差不多了，刘准备去付款，就在他们走了几步后，导购先生冲他们一笑，突然说了一句："其实，这种是去年的老款了，最近公司刚刚推出了新款，图像更清晰，外观更漂亮，价钱也就是多了两千块钱，建议您看一看。"冲着这些，刘有些心动了，何况价钱区别不大。

新款电视的外观确实漂亮得多，刘显然动心了，于是决定放弃买老款，准备下单购买新款。这时，导购先生转而又向刘介绍别的系列，他说："其实，这一系列的电视耗电量稍微大一些，你不如考虑一下 ×× 系列的电视，价格比您选中的这款电视只高出三千元。"

当朋友和刘欣赏电视节目时，刘自我解嘲道："没想到，我就这么一点点地掉进导购先生设计的圈套里了。我原本只打算花五千元买电视，搬回家的却是一万元的。我房屋按揭还没还清，现在又得按揭电视了。”

另一则关于托盘的寓言。

有一位先生，搬花盆去晒太阳时，不小心打碎了托盘。他去市场买新的，老板给他推荐了一个纯金的托盘，他很喜欢，就买了。谁知，老板趁机引导：既然托盘是纯金的，放花的桌子就应该是檀香木的；既然放花的桌子都是檀香木的，那么其他家具，比如床、茶几和餐桌等，都应该配套成高贵的檀香木……

最后，这位先生把房子都换了。

常言说：“针大的洞，斗大的风。”用这句话来形容欲望再贴切不过了。欲望是暗藏于内心的一块酵母，在充满忌妒、贪婪和虚荣等的坛子里发酵变化，从小小的一块一点点变大，大如斗，大如牛，大到人神皆惧。

咖啡苦与甜，不在于怎么搅拌，而在于是否放糖；一段苦难伤痛，不在于怎么忘记，而在于是否有勇气重新开始。

当下的很多男人会觉得别人的老婆更好，为什么呢？其实，这是一个远观与近看的问题。别人的老婆，你所看到的都是优点，但在她老公看来，也同样有着很多缺点。婚姻不无缺憾，缺憾的是你没有欣赏婚姻的眼睛和心态。对于爱人，你更要去发现她的美、放大她的美。

他是一个非常幸运的男人，刚到不惑之年就拥有了千万身家。妻子温柔贤惠，儿子活泼可爱，这样的一个家曾是幸福的写照。然而，他却将幸福弄丢了，在花花世界里迷失了自己。面对他的花心，妻子坚决地离婚了。

他们仍然经常碰面，在儿子的幼儿园门外他再次见到了妻子。她和儿子走在刺骨的寒风里，一边走一边唱着儿歌，她瘦了很多。他将车停在他们身边，说道："这么冷，快上来。"

妻子问儿子上车吗？儿子不看他，说："妈妈，咱们走吧。"他的心被狠狠地揪了一下。

离婚时妻子没有要财产，甚至都没要儿子的抚养费，带着孩子住在父母家，生活有点艰苦。看到柔弱的她要独自承担养家的重担，日渐消瘦，他的心还是揪得很疼。他想帮助她，她拒绝了，钱买不来原谅。

离婚后，他身边就有越来越多的女人围绕。他带她们上高级会所、去酒吧、买时尚衣服，可就是找不到那种安稳的感觉，他陷入了深深的痛苦和懊悔中。

在他心里，她仍是他这辈子认定的妻。

妻子不会拒绝他看望儿子，只是她始终不肯见他，也不愿接他的电话。他把电话打到家里，她叫儿子接，自己不会多说一句。

有一次，他听朋友说见到妻子和一个身材高大的男人去逛商场，他心里就很不是滋味，一夜没有睡好觉。第二天他给她打电话，忍不住冲她吼道："你疯到哪里去了？儿子也不管，你到底想干什么？"

她说："我干什么跟你没关系。"对，跟他没关系，可他就是放不下。

后来听儿子说，她开了家幼儿园，他才知道她早出晚归的原因。可一想到柔弱的她要独自处理复杂的事务，心里还是揪得很疼。

他想约她出来聊聊，她说没必要，他一听就火了。她淡淡一笑，说："你的态度我接受不了，不希望你施舍时间和金钱给我。"

他一下子愣住了。

后来，她开的幼儿园只维持了一年，听儿子说，她在幼儿园里晕倒了，前岳母不让她继续工作。他真是心疼不已，心想，这个傻女人怎么不知道爱惜自己呢？

他将钱给孩子的姥姥，老人没收，说："钱买不来原谅。"他只好将钱塞进孩子的书包里。

转眼离婚两年多了，他心里十分挂念儿子和妻子，可妻子始终不原谅他，甚至不给他任何机会。

儿子说她的文章上杂志了。他没来得及问是哪本，只好将报亭里的杂志全买回来，躲在车里找，越找心越慌，不知道她在文章里如何描述自己作为单亲家长的凄苦生活。看到她的文字，他放下心来。文章里没有痛苦，都是日常生活的快乐。

她的生日马上就要到了。以前她过生日，他会请一大群朋友在酒店狂欢，从不在意她是否真的开心。他以为，女人都会喜欢奢华的生活。这次，他特地选了一套昂贵的珠宝送给她。

她要还给他，但他不肯。她平静地对他说："你知道吗？哪怕你只是叠个纸飞机送给我，我都会感到你还是以前我爱的那个人。"

他一把抱住妻子，一个劲地说："我错了，真的错了，对不起。"她的眼泪落了下来，一滴滴砸在他身上。妻子纤细的手指在他的掌心微微发抖。此时，他才恍然大悟，妻子在心里一直为他保留了那个位置。但她最终还是挣脱他，默默离去。

第二天，他问儿子："妈妈戴爸爸送的项链了吗？"儿子说没有。儿子指着路边的小店说："妈妈说，你以前总是给她叠纸飞机的。"

他一下子明白过来，拉着儿子冲进店里，买下了所有的彩纸。儿子和他在车里认真地折了起来，折好了就用丝线穿起来。这时，妻走了过来，要接儿子上楼，他拎着一串串纸飞机，突然不知道说什么好，还是儿子嘴快："这些都是爸爸叠的，他想让你开心。"

他感激地看了儿子一眼，说："这是送给你的生日礼物，晚了一天，对不起。"妻的眼泪落下来。他笨手笨脚地给她擦，可是她的眼泪越擦越多。

他知道，这次他真的触碰到了她那颗心，找到了妻子一直为他保留的那个位置。两个月后，他们复婚了。

在快乐的日子里，他终于明白，一个人成功后，不应该飘在虚浮的空中，如果能保有平常心，他的幸福就不会走弯路。

心的不语

一座中部的城市里有一档叫《人生生活》的电视节目，这几天不断播送着这样一条求助消息：一个农村小男孩得了一种非常罕见的病，来这座城市治疗已经有一段时间了。虽然他的父母花尽了家里所有的钱，可男孩非但没有好起来的迹象，病情反而越来越重，绝望的父母没有办法，只好求助电视台，希望能有好心人帮他们一把。

节目播出不久就有一位女士打来电话，愿意伸出援助之手帮帮这个濒临绝境的家庭。

大家都喜出望外，电视台的领导马上派出记者，打算与这位女士做进一步的接触和了解，却被女士婉言谢绝了。女士说，她所需要的只是一个账号。果然，电视台把账号提供给女士之后的第二天，便收到她汇给这个家庭的十万元钱。

一直到这男孩痊愈，这位女士一共捐了三次钱，总额超过五十万元。男孩一家人过意不去，一定要见见这位救命恩人，电视台甚至录制了男孩一家人泪流满面的场景，希望当面感谢一下他们的恩人，然而这位女士还是婉言谢绝了。

一位报社女记者对这位神秘的女士表现出极大兴趣。她通过短信的方式，以一个普通人的身份与这位女士交流，逐渐赢得了她的信任。一次，在茶馆里聊天，这位女士向她讲述了自己小时候最不能忘怀的一件事：

“那是小学三年级的时候。有一天，班主任老师在课上给我们讲了北方某个地方遭受旱灾的消息，希望我们能把自己平时的零用钱拿出来，捐助给灾区的孩子们。

“第二天上午，阳光很灿烂，同学们纷纷拿出自己的零用钱交给老师，老师逐个表扬着他们，同学们一个个快乐极了。我很高兴地把钱递给老师，那一刻内心幸福极了，眼望着老师，期待着来自老师同样的赞美。然而，老师从我的手里接过钱之后犹豫了，没有把我的钱放进捐款箱，而是有些沉重地对我说：‘孩子，你就不用捐了。给，把你的钱拿回去吧。’我一下子愣在了那里，不知道老师为什么不要我的钱。

“老师发现了我的局促和不安，就跟我解释说：‘你家本就不宽裕，更何况你也需要……’老师没有接着说下去，但我知道老师要说什么。我不禁低头看了看自己那条有残疾的腿，泪水奔涌而出。

“也就是那次，我明白了一个事实：贫穷的家庭、残疾的身体给一个人带来的只会是别人的同情和怜悯。以这样的处境，要拿出属于自己的一点爱，是一件多么困难的事情……”

记者深受感动，征得女士同意后，在报纸上用整版的篇幅刊发了这位女士的报道，其中就包括这个故事，当然也包括在以后的岁月里，她如何发愤读书，以优异成绩考取了一所知名的医科大学，博士毕业后又如何创办了一家医学研究室，等等。这篇报道的最后是记者与这位女士的一段对话：

记者问：“你用二十年的拼搏换来了今天的成就，你到底想要得到什么？”

她说：“很简单，我只想得到平等的爱的权利。”

记者若有所思地点点头，继续问：“作为一个残疾人，通过自己的努力，能够养活自己，在一般人看来，就已经是人生的胜利了，你为什么还要这么辛苦地去做这些事情呢？”

她说：“这个世界如果没有爱，就不再美丽。同样，一个人活在这个世界上，如果没有为别人付出过一点爱，无论他为自己创造过多少财富，都不会活出有价值、有意义的人生。”

记者追问：“你既然为别人付出了爱，为什么还要躲在幕后，为什么不站出来，痛痛快快地接受别人对你的感恩呢？”

她笑了，说：“一阵风，从一个大汗淋漓的人的耳际擦过，它会停下来等待那个人的感恩吗？真正的爱的付出，就像吹在这个世界的和风，它不会因为受惠者是否向它致意而停下自己的脚步。”

人生之路是很曲折漫长的，面临什么样的境遇就要采用什么样的态度。贫穷的时候，不能让心也贫穷；富足的时候，也不要得意忘形；经历苦难的时候，告诉自己这是人生一笔难得的财富；品尝幸福的时候，要懂得幸福来之不易。没有人会永远春风得意，也没有人会一辈子落魄失意。

第四章

舍得浮华，得真实

浮华是一面照妖镜，

看起来很美，却让你身心空虚。

温柔的爱

虚荣或许是最美丽、最迷惑人心的，也是最容易让人迷失方向的，过多的虚荣只会让人迷失在虚幻的世界里！

走过浮华，走过虚荣，走过理想与现实的差距，我们有了太多的感悟。当你被表面的浮华所迷惑，你一定会失去理性的思考，沉浸在自己并不了解的世界里，是对是错也不会有答案。

她对朋友说，追了她很久的那个男孩昨天结婚了。朋友说，当初你不是觉得他太平凡吗，人家喜欢了你五年你都无动于衷。她说她去参加了婚礼，新郎很帅，新娘很漂亮，突然第一次觉得他原来也是蛮有魅力的，当初怎么没发觉呢？她说原本认为自己从来没有爱上过他，但是在新人交换戒指的那一刻，她的心却疼了一下。

今天的主角不是你。不管她是不是灰姑娘，今天的公主都不是你。

她说，最难过的事情不是你爱的人不爱你，而是那个爱了你很多年的人转身离去。尤其当你看见那个说爱你一辈子、等你一辈子的人给另一个女孩戴上戒指的时候，你能听见自己心碎的声音。

他是一个工程师，在野外作业的时候为了能给她打电话，听听她的声音，要走很远的路。

飘着雪花、刮着北风的冬天很冷。

她总不耐烦地说干嘛老给我打电话，她不知道他在那边已经冻得不行了。现在想起这些来她脸上还是会洋溢着幸福的微笑。

她回过神来看着眼前的这对新人。还是这个人，但是他的海誓山盟、甜言蜜语早已不会对她说了。

有多少人承诺爱一个人一辈子又付诸行动了呢?

当努力了许多年依然没有结果的时候，谁还会一直等你呢?

终于明白，我们都能坦然地面对你爱的人不爱你，但是谁都无力从容面对一个爱你很久的人转身离去，那种骄傲、那种幸福瞬间荡然无存。

请珍惜你身边默默爱着你的人。或许有一天，当他真的离开了，你会发现，无法离开彼此的不是他，是你。

其实谁都很明白拥有就意味着会失去，可是当真正失去的时候，却含着泪说“舍不得”。

她和他是在采石场认识的，她去看望自己的父亲，而他是她父亲的徒弟。她年轻貌美，他敦实憨厚，两个人一见钟情，没费什么事就走到了一起，颇像人们说的那种“天赐良缘”。

有那么三年的时间，“男主外，女主内”，他们的小日子过得有滋有味。后来，她心疼他整日在矿山上作业的辛劳，让他报考了矿业大学，他很争气地考上了。从此，生活的担子全压在她一个人身上，辛苦可想而知，但是她觉得以后的日子更有奔头了，苦点就苦点呗，没什么。

最艰难的时候，他们的饭桌上除了两个馍馍，就只有一碗寡淡的西红柿蛋汤。他说：“你喝。”她说：“你喝。”让来让去，大半碗西红柿蛋汤还是让他喝了。每次喝完他都会跟她说一句“好喝”，她从不化妆的脸上便荡漾着幸福的光芒。那时，他是她心里最大的幸福，傻子都看得出来，并相信他和她会幸福的。

苦熬了三年，他终于如期毕业了。她想，是时候苦尽甘来了。他是一个有进取心的男人，很快做了矿上的技术员，接着升为矿长，这段日子他们的小日子过得很舒坦。不久，他做了国土局的局长，应酬多了，接触的女人多了，诱惑也多了，开始怎么看她都觉得不顺眼了。女人敏感地觉察到了，但是她是一个不善言辞的女人。终于，他看上了另外的女人，有一天回家跟她说，咱们离婚吧。她愣了一下，该来的总会来的。眼泪涌上了眼眶，但她强忍着没让自己哭出来，因为她知道有些事是拦不住的。她点了一下头说，我同意，但是在离婚之前，我想再给你做一碗西红柿蛋汤。他没反对，西红柿蛋汤很快端了上来，像从前一样她们在餐桌前对坐着，她说“喝吧”，他拿起勺子喝了第一口西红柿蛋汤，很寡淡的感觉，他莫名其妙地就想起了从前那些他们相依为命的日子。她说“多喝点”，他已经喝下半碗西红柿蛋汤了，很熟悉的感觉，就像他一直记得她耳朵上的痣在哪里。她说“快喝，凉了就不好喝了”，他碗里的西红柿蛋汤只剩下一勺了，很难舍的感觉，他忽然明白她就是自己的西红柿，不是山珍海味，但是富含多种维生素，养人。他在喝下最后一勺西红柿蛋汤时，流下了泪水。她知道，她留住了自己的男人。

她是一个施爱的女人，她最常讲的话是——一张桌子，半臂的距离，爱就在碗里。

爱，也许很平淡，没有绚丽的激情，但，这是真正的爱。

手边的情

爱情就像一盏油灯，你看到它闪闪发光、带来温暖，那是它以曾经美好的回忆为灯油。一旦甜蜜的回忆用尽，而又没有新的灯油加进去，那么只能油尽灯灭。你能眼睁睁地看着那盏你亲手点亮的、闪闪发光的、带来温暖和幸福的油灯熄灭吗？

他是公司副总，出身名校，风流倜傥，无论是在商务会议还是交际场合，总是闪亮的人物。女友是一家大型女性周刊的娱乐版主编，不但是一个标准的美人，还是公认的才女。两个人实在令身边的人羡慕不已。当父母、朋友都巴望着他们成婚的时候，两人却出现了感情危机。他是一个对事业、对生活很用心的人，从来不曾应付过哪怕一天。他对于现在的女友很满意，无论条件还是感情基础都无可挑剔。可是，他心里总有那么一个黑洞无法填满，总是觉得以前那种充实的甜蜜在慢慢消失，他想用力去抓却抓不住。每当这个时候，他总是靠着以往的回忆来支撑这份爱情，可是旧的回忆越来越遥远、缥缈，新的回忆又是整日的忙碌和寂寞的拥抱。我爱她吗？我真的爱她吗？他甚至这样怀疑着。他要重新思考，他们的爱情到底怎么了。为什么别人越是羡慕，他越是感到恐慌。

为什么没感觉了？不再有等待的焦虑，不再有相见的激情，不再有冲动的想法，爱情的火焰什么时候燃烧不起来了？

总有人认为婚姻就是爱情的坟墓，当你踏进婚姻的殿堂时，你的爱情就跟着被埋葬了，爱情在油米酱醋面前就什么都不是了。许多人在追求爱情时，总是希望一纸婚约给其保障，但是在获得这纸婚约之后，又猛然觉得爱情不在了。有些人认为爱情已经转为了亲情。这是一种自欺欺人，爱人怎么会转为亲人呢？亲人是存在着血缘关系的、在任何情况下都不会将对方抛弃的人。但是在生活中，我们可以看到夫妻之间的那种亲情并不是那么牢固，在生活的琐碎中渐渐失去了激情，没有了爱情的火焰。其实，这是责任的缺失，若双方都能相互负责，那么婚姻将不会陷入僵局。

爱情不仅需要责任，还需要相互的认可，尤其是女人对男人的支持和鼓励。作家摩达·雷德曾这样说过：“男人喜欢被爱的感觉，女人则喜欢你亲口告诉她。”洛杉矶家庭关系学社社长保罗·波皮诺说：“大部分的男人在寻找适合自己的太太时，通常不是去找一位能干的、会办事的人，而是要找一位可人的而又能够满足他们虚荣心的，并能显示自己出色至极的人。”因此，在爱与婚姻中，女人要懂得发现对方的闪光点，不吝赞美之词，男性也是如此。唯有这样，才能让双方对这段感情更充满信心。

是什么偷走了我们的爱情？或许，它一直在那儿，只是你疏忽了，忘记了给灯添油。当灯光微弱下去，还没有熄灭的时候，还是赶快行动吧。一句温柔关心的话、一顿亲手做的也许并不是十分可口的晚餐、一件出其不意的小礼物、一次两个人的旅游、共同帮助一个朋友……只要用心，哪怕是很小的事情，都可以让爱情重新燃烧起来。

做任何事情都要学会适可而止，千万不能达到不想象中的完美就誓不罢休，那只会为难自己，长久下去，心里就有可能系上解不开的疙瘩。我们常说的心理疾病往往就是这样不知不觉出现的，这是因为我们的心理就像一根树枝，即使再坚硬，也会渐渐承受不了我们自己找来的越来越沉重的负担。

我们就这样身不由己地跌进完美的误区里，只是这种误区常常有一个华丽的外表，并且开始是以良好的状态作为引导，接着被日后的逞强、虚荣所代替，心理上渐渐地磨出了老茧，而自己却浑然不知。

一个年近七旬、白发苍苍的老人四处漂泊寻觅，人们问他你在寻找什么？他说："我在找一个完美的女人来爱！"你找了多久？问他的人非常好奇。"五十年了。"毫无疑问你还没找到吧。"不，我找到过，她确实是我有生以来见到的唯一完美的女人。”那你怎么不去好好爱她？“因为——因为她在寻找一个完美的男人，而那个人不是我。”

每个人都希望自己的一生能够完美，找到天作之合的伴侣，住亭台楼榭，赏万千风光，但不知道追求完美的人有没有先问一下：自己是不是完美得能配得上这份完美？

完美的东西往往很脆弱，经不起红尘俗世的打磨，甚至你只是凝神看她一眼，她便可能如五彩肥皂泡般瞬间破灭、消失无踪。

但人们往往要追求完美的瞬间，所以很多人会羡慕烟花，即便纵身一跃换来的是粉身碎骨，但为了他人心头那永不磨灭的绚丽也认了。

做到完美很不容易，有些人用尽一生之力也换不来瞬间的灿烂，原因在哪儿？在于他不知道如何做到完美。

有时，我们总是给爱加上了太多的浮华装饰、太多的负担，总是觉得如果没有爱得轰轰烈烈，那就不是真正的爱情。其实不然，真爱总是在不经意间流露，它是那么地自然、那么地朴实，不需要任何的人工添加。真爱就像那涓涓细水，大部分时间都是在慢慢流淌，但是每到汇合之处时，它就会变得异常强大，是那么地惊心动魄，特别是最后流入大海的那一刻。

自由才是唯一

阮籍、嵇康位列“竹林七贤”之首，历史上往往将两人齐名。

这不仅是因为两人性情相近、才情相若，而是他们的生活态度与处世作风与其他文人学士截然相反，他们活得真实、自然，敢于蔑视礼法，敢于横眉冷对那些所谓的“大人”。然而真正的“大人”却是他们自己，因为一个大写的人必然是一个心灵自主、意念坚强的人！

现实中人们囿于各种条条框框，总是活得十分压抑。从小到大，长辈们苦口婆心，做人要安分守己；老师们循循善诱，做人要循规蹈矩。日常生活中看多了世俗中那一张张打磨出来的虚伪的、呆滞的、一统化的、模型化的脸孔，真是烦不胜烦。

阮籍对于司马家政治集团十分不满，因此以整天喝酒为借口来实行不合作主义。当司马家来向他求婚时，他一连大醉六十天，以醉酒加以推辞。司马家又逼他做官，他偏不挑大官而挑小官做，因为“步兵营”会做好酒，他就去做了“步兵校尉”，然而做了没多久，又去云游四方了。阮籍的嫂子回娘家，阮籍却要送行，但按照当时的礼法，小叔子跟嫂子是不能打交道的。可阮籍不以为然，在他看来，给嫂子送行才是真正的礼貌，才是真正的合礼合理。“礼”只有在合理的基础上才有意义，否则就是无理。阮籍的母亲死了，阮籍甚至击节高歌，表现得十分高兴。这在一般人看来是不合礼法的，甚至是无异于禽兽的行为，可是阮籍并不在乎，他只求问心无愧。

在阮籍“外坦荡而内淳至”的态度里，那一句“时无英雄，使竖子成名”的感叹，真正道出了那个时代的悲哀，也道出了他对这个黑暗腐朽社会的抨击！

然而跟嵇康比起来，阮籍就要逊色一些了。阮籍的不合作是柔和的、洒脱的，略显消极；而嵇康的不合作却是强硬的、认真的，用积极的行为去表现这种反抗。他的好友山涛推荐他去做官，他就给山涛写了封绝交信。相较阮籍，嵇康的人生态度显得更加明确，“摆脱约束，回归自然”。他与那些病恹恹、弱不禁风的书生们不同，与那些远离人世、孤芳自赏的隐士们也不同，他活得健康而又快乐。他把生命直接献给自然，在与自然的接触中体会着生命的真与美。他谢绝仕途，在洛阳城外开了个铁匠铺，过起了悠闲自在的打铁生活。他的最大财富就是拥有几个志同道合、肝胆相照的朋友。就连钟会来看他，他也是傲然不理、冷眼以对，甚至还出言讽刺。难怪陈寅恪说“七贤”之中应推嵇康为第一人，这个评价是恰如其分的。

阮籍与嵇康的生存状态已接近《庄子·逍遥游》中的逍遥状态，是一种大自在、大从容、大安详的人生境界。

虽然他们的生命并不长，嵇康享年三十九岁，阮籍也不过五十三岁。然而，真正活过、爱过、恨过、哭过、笑过、唱过，虽死又有何憾。虽然他们的形体消亡了，但历史永远记住了他们的名字，他们也将永远活在那些怀念他们的人心中。

人生的目标有两个：先是获得你想要的，然后是享受你所获得的，而只有最明智的人才能做到第二点。命运总有一些是掌握在自己手里的，即使不是全部。

小蜗牛问妈妈："为什么我们从生下来，就要背负这个又硬又重的壳呢？"

妈妈："因为我们的身体没有骨骼的支撑，只能爬，但又爬不快，所以要靠这个壳来保护！"

小蜗牛："毛虫姐姐没有骨头，也爬不快，为什么她却不用背这个又硬又重的壳呢？"

妈妈："因为毛虫姐姐能变成蝴蝶，天空会保护她啊。"

小蜗牛："可是蚯蚓弟弟也没骨头爬不快，也不会变成蝴蝶，他为什么不背这个又硬又重的壳呢？"

妈妈："因为蚯蚓弟弟会钻地，大地会保护他啊。"

小蜗牛哭了起来："我们好可怜，天空不保护，大地也不保护。"

蜗牛妈妈安慰他："所以我们有壳啊！我们不靠天，不靠地，我们靠自己。"

即便上天给予我们的只是平平凡凡的生活，我们一样能从中活出自己的精彩；一样能在每一个平凡的日子感受到幸福和快乐；一样能安然度过人生大大小小的悲欢离合。唯有这样，才不会在到达人生的尽头时，才发现自己没有真正地活过。

做你自己

在人生旅途中，我们总感觉太累、太倦、太乏味，甚至更多的时候，眼里净是些忧郁的景致而没有半点阳光点缀，于是悲观、迷茫、失望、彷徨时刻纠缠着自己，让自己陷入一个难以走出的怪圈。人生从来就有许多的诱惑：功、名、利、禄、物、色……面对诱惑的陷阱、欲望的泥潭，小说家陈染说："为了逃避黑暗，我们闭上眼睛。”但实际上，即便我们“闭上眼”，也并不能够“逃避黑暗”。

心中少一些杂物，才能在当今社会愈演愈烈的物欲和令人眼花缭乱、目眩神迷的世相百态面前神凝气静，坚守自己的精神家园，执著地追求自己的人生目标；心中少一些杂物，才能抛开名缰利锁的束缚，让人性回归到本真状态，从而获得心灵的充实、丰富、自由、纯净。

一位老师曾给班上的同学讲过这样一个故事：

有三只猎狗追一只土拨鼠，土拨鼠钻进了一个树洞，这个树洞只有一个出口，可不一会儿，居然从树洞里钻出一只兔子，兔子飞快地向前跑，并爬上另一棵大树。兔子在树上，仓皇中没站稳，掉了下来，砸晕了正仰头看的三条猎狗，最后兔子终于逃脱了。

故事讲完后，老师问大家：“这个故事有什么问题吗？”同学们说：“兔子不会爬树；一只兔子不可能同时砸晕三条猎狗。”“还有呢？”老师继续问，直到同学们再也找不出问题来了，老师才说：“可是土拨鼠到哪儿去了呢？”

土拨鼠哪儿去了？老师的一句话，一下子将同学们的思路拉到猎狗追寻的目标——土拨鼠上。

因为兔子的突然冒出，同学们的思路在不知不觉中被打岔，土拨鼠竟在同学们头脑中消失了。

在追求人生目标的过程中，我们有时也会被途中的细枝末节和一些毫无意义的琐事分散精力，扰乱了自己原先追求的目标。不要忘了提醒自己，土拨鼠哪儿去了？自己心中的目标哪儿去了？

人想要的东西越多，自己就越会觉得匮乏；越是为自己着想，越会觉得孤单寂寞；思索太多未来的事，就忽略了现在的喜好。反之，当自己拥有更多的时间和空间去让心静下来时，那平静的心就如同清水一样，可以让我们清楚地看清自己，也看清生活，从而更接近自己，聆听自己的心灵，去思考人生一些根本的问题，从而在这纷扰的尘世中发现自己和生活，找到自己的方向。

生活简朴，让自己更贴近生活，可以让自己用另外的眼光去打量生活和发现生活中其他的乐趣。少了物质的隔阂，人与人之间、心与心之间、人与自然之间的沟通交流就会更多，就更能感受自然、感受生活的快乐，心不再向外追逐，而是回归自然，回归自己。

那个梦想

假如我们身陷不测，与强盗歹徒展开殊死搏斗，只有把他打倒，我们才能活命。此时，我们不可能再去请教拳击教练或柔道专家，唯一能做的就是舍命拼搏。追求成功，也是同样的道理。

当渴望成功如同渴望生命一样时，你才可能获得它。

五官科病房里同时住进来两位病人，都是鼻子不舒服。在等待化验结果期间，甲说："如果是癌，立即去旅行，首先去拉萨。"乙也如此表示。结果出来了，甲得的是鼻癌，乙长的是鼻息肉。

甲列了一张告别人生的计划表离开了医院，乙住了下来。甲的计划表是：去一趟拉萨和敦煌；从攀枝花坐船一直到长江口；到海南的三亚，以椰子树为背景拍一张照片；在哈尔滨过一个冬天；游览一次长城，再登上天安门；读完莎士比亚的所有作品；力争听一次现场演奏的《二泉映月》；写一本书……凡此种种，共二十八条。

他在这张生命的清单后面这么写道：我的一生有很多梦想，

有的实现了，有的由于种种原因没有实现。现在我的时间不多了，为了不遗憾地离开这个世界，我打算用生命的最后几年去实现剩下的这二十八个梦想。

当年，甲就辞掉公司的职务，去了拉萨和敦煌。第二年，他又以惊人的毅力通过了成人考试。这期间，他登上了天安门，去了内蒙古大草原，还在一户牧民家里住了一个星期。现在这位朋友正在实现他出一本书的夙愿。

有一天，乙在报上看到甲写的一篇散文后，打电话问甲的病情。甲说："我真的无法想象，要不是这场病，我的生命该是多么地糟糕。是它提醒了我去做自己想做的事，去实现自己想实现的梦想，现在我才体味到什么是真正的生命和人生。你生活得也挺好吧！"乙没有回答，因为在医院时说过去拉萨和敦煌的事，早已因患的不是癌症而放到脑后去了。

在这个世界上，其实每个人都患有一种"癌症"，那就是不可抗拒的"死亡"。我们之所以没有像那位患鼻癌的人那样，列出一张生命的清单，抛开一切多余的东西去实现梦想，去做自己想做的事，是因为我们认为自己还会活得更久。然而也许正是这一点上的差别，使人们的生命有了质的不同：有些人把梦想变成了现实，有些人把梦想带进了坟墓。

有一个船员遇到海浪，船沉了，独自一人漂到一个陌生的岛上，饿极了，就横下心到一家餐馆饱餐了一顿，吃完后船员告诉店主，自己身无分文。令他奇怪的是，店主不但不要钱，反倒给了船员同等价值的金币。船员很奇怪，他又来到一家商店，穿了一身衣服，店主同样给了他同等价值的金币。船员非常开心，在这里你所需要的东西不但不要你付钱，而且还要倒贴给同等价值的金币。天底下竟然有这般好事，于是船员不断地要东西，很快就有了一口袋的金币。船员背着这袋沉甸甸的金币在街上走，可不久就发现，岛上就自己一个人背着金币。后来他感到背的金币太沉了，而且慢慢地发现这里用不着花钱，钱根本就没有用，船员就把金币倒在了垃圾筒里，结果被警察发现，要罚同等价值的金币，可罚款由政府交了，金币仍然让他背着。这时，船员想离开岛，可岛上有规定，任何人都不得离开。再后来，这里的人告诉船员，必须去劳动，劳动就能收回同等价值的金币……

想想看，金币不正是我们前进的累赘吗?

其实更多的时候，人们不是败给了外界，而是败给了自己，只有挑战自我、永不言败者才是人生最大的赢家。

我们应该对未来的生活充满美好的憧憬与希望，但绝不可以对未来剩余的时间寄予过多的奢望，因为时间是那样地公平，无论你怎样争取，它都不能为你延长或增加一分一秒，也正是因为这样，生命中的每一分、每一秒才是唯一的，只要过去了就永远不会再返回。

得失寸心间

度的真正内涵为限度，或者说是程度，是一切事物从量变到质变的临界点。量变只有在一定范围和程度内，事物才能保持其原有的性质，而超过一定范围和程度的过度，则会使事物的根本性质发生巨变。

过度与适度是同一事物发展过程中的两种不同状态，它们之间没有一条不可逾越的鸿沟，而是处于一种微妙的朦胧状态。因而，在事物的发展过程中必须把握好度的标准，凡事适可而止，过犹不及。

达西来自一个破碎的家庭，很早就已辍学，住在一个看护机构里。2005 年，她买了一张大乐透彩票，结果中了巨额奖金。

中奖后的她真的“乐透”了，开始疯狂消费，买名车、穿时装、搞舞会，甚至隆胸。不久后，她结了婚，生下两名子女。但乐极生悲，后来她花巨资买可卡因，染上毒瘾，又患上了抑郁症。由于精神上的问题，她甚至失去了孩子的监护权。

她曾经几度自杀，人生几乎全毁了。金钱曾给她带来很多快乐，也带来无比的痛苦。如今，她只剩下五万英镑，却感受到前所未有的快乐。

她说："几个月前我还在吸毒，而且非常痛恨自己，根本不想活下去。如今我遇到新男友，我愿意为他重新活过。这一切，都是我几乎花光所有钱之后才发生的。"

对于未来的生活，她有新的安排："我已跟医生预约，要治好抑郁症。我要重新整理我的人生，让我的孩子以我为荣。这是我第一次觉得我是可以做得到的。"

她感谢男友给她的帮助，给了她一个安定的家。如今她希望可以完成大学学业，成为一名辅导员。她说："毕竟经历了这么多，我认为我可以给别人提供很多建议。"

大喜自然会在短时间让人感到极度的幸福，但是实际情况往往是"乐极生悲"，所以大喜往往会令人陷入危险的境地。因此，大悲和大喜都不是好的心态，极端的情绪会影响人追求幸福的感觉和生存的状态。成熟的心态应该是"不以物喜，不以己悲"，这是一种比较高的精神境界，需要不断地领悟和修炼。

有什么样的心态，就会成就什么样的事业。人生应当避免情绪极端化，将心态控制在一个相对平衡的位置，而控制的关键在于如何理性地看待“失”与“得”。心态平衡了，也就多一份从容，于是很多问题也就迎刃而解了。

懂得随遇而安、知足常乐的人，能够做到入乡随俗、随方就圆。看到别人级别高、条件好不会眼红；遇上飞扬跋扈者，能进退自如；碰到爱占小便宜的人，能容忍谦让；遇上不良风气，会做力所能及的斗争。这样的人胸怀宽广，把世间的一切变化都看得很平常，因而活得很从容。

俗话说：“人生不如意事常八九。”一个人如果能做到不管际遇如何，都能保持快乐的心境，那真是莫大的福气。生活没有完全一帆风顺的，人生际遇也不是个人力量所能左右的，在不尽如人意的环境中，能使我们保持快乐的办法就是随遇而安、知足常乐。

有个人坐车回家，车到中途，忽然抛锚了。此时正值夏天的午后，天气非常闷热，车上的乘客都很着急，抱怨声不断。司机要大家耐心等待，车子要三四个小时才可能修好。这个人知道急也没用，车子不修好谁也走不了，于是他就独自步行到附近的公园去了。

公园里清静凉爽、风景宜人。等他游玩尽兴归来时，车子已经修好，趁着黄昏微风，直达目的地。之后，他逢人便说：“那真是一次愉快的旅行！”从某种意义上来讲，这就是随遇而安、知足常乐的好处。

环境常有不如人意的时候，问题在于个人怎样面对它。得知事情不可逆转时，与其怨天尤人，还不如因势利导，适应环境，面对现实，随遇而安。在任何情况下，都要尽自己的力量和智慧去寻找希望，寻求解决办法。

草，无论长在沙漠，还是长在河边，都一样地挺立着；狗，无论是被圈在院落里看家，还是躺在主人的怀抱里撒娇，都快乐地摇着尾巴；鹰，无论是在昆仑山之巅，还是在大草原，都高傲地飞翔着。难道有着超常智慧的人还不如那些自由自在的动植物吗？

随遇而安、知足常乐是智慧人生的一种选择。人生如戏，跌宕起伏。成功的时候，要能坚持奋斗，才会获得更多的成功；失败的时候，要能够经受住挫折，提升自我，这样的人才是真正的强者。

当我们无法改变不如意的处境时，要平静接受，然后从容地开拓新的道路，这是求得快乐宁静的最好办法。

生活是一条河

当我们置身于现实生活中时，会被繁杂世界里五彩缤纷的生活所诱惑，我们要工作，要面对挑战，要面对生存，要面对生命里所有的事情。面对现实中的机遇和选择，只有经历了风雨的人，才知道现实生活是残酷的，并不像理想中那样美好。

一位风度翩翩的大学教授，曾在上山下乡时娶了一个目不识丁的农村妇女为妻，在如今物欲横流的世界里，这很自然会被一些人视为“笑柄”。

议论多了，教授开始感到在众人面前抬不起头来，他不再带妻子出门，对妻子也开始厌烦起来。苦思良久，某天晚上教授起草了一份厚厚的离婚协议书，讲了许多大道理，准备和妻子来个好合好散，当然他不会亏待她的，会给她一笔钱，够她以后生活了。

可能晚上思虑太过，第二天早上起来晚了，他匆匆忙忙赶着上课，没来得及收拾书桌上的东西。妻子从外面买菜回来，习惯性地来到书房打扫卫生，一只猫也趁机溜了进来，跳到书桌上，把他辛苦写好的离婚协议书碰落在水盆里，一下子就浸湿了。

这下妻子慌了，以为这是丈夫昨晚熬夜的心血，肯定又是什么重要的文件，便赶快小心翼翼地捞起来，一张张地揭开，用熨斗把稿子一一熨平、熨干。还没有完全做好，教授下课回来了，看见她正在用心地熨烫那一张张离婚协议书，像是在做一件神圣的事情，他的心仿佛被掏空了，这才感觉到，离开了她，他会失去什么。

教授感慨道:“婚姻这东西呀，就像穿鞋一样，鞋是否合适，只有脚知道。”

在人生的旅途中，如果把得失成败、功名利禄、是非恩怨等都牢记心中，让那些伤心事、烦恼事、无聊事永远萦绕于心，就会在心中烙下永不褪色的印记。那就等于让自己背上了沉重的包袱，拷上了无形的枷锁，你会活得很苦很累，最后可能心力交瘁，在茫茫的大海中迷失航向，甚至有倾覆的危险。

他和她既是同学又是同乡，也是一对恩爱恋人，是让同学们很羡慕的一对情侣。那时候他很穷，手上也没几个闲钱。她爱吃梨，他就经常跑到市场上给她买被虫咬过的梨，因为被虫咬过的梨相对来说比较便宜。梨上可以看到虫子咬过的小洞，像可爱的小眼睛。其实他也想买好的，但好的实在太贵了。

当她看到虫咬过的梨时，起初很生气，认为他太小气了，买这么糟的梨，让她在同学面前丢了面子。他笑着说："带虫眼儿的梨其实更好，说明没打农药。"说着，他就用水果刀把那些虫眼全部仔细地挖掉。然后，他开始削梨皮，削得很认真、很执著，看得她愣住了，因为他竟然能把梨皮削得很长，薄得像纸片，一直削到最后都没断开。当他把一个削好的梨给她时，根本就看不出来梨让虫咬过，梨就像脱了一层外衣一样。

后来，她渐渐地迷恋上了让他削梨，因为她喜欢看他削梨的模样，像是在制作一件艺术品。一次学校搞才艺比赛，他给同学们表演了削梨。当他把一条薄薄长长的梨皮拉开的时候，全场的同学都震惊了。同学们问他，如何才能把一个梨削得这么好？他的回答很简单："用心和爱去削。"全场顿时爆发出热烈的掌声。

后来，他们顺利毕业了。两个人很快都找到了合适的工作。那时候他在为事业全力拼搏，整天很劳累、很繁忙，陪她的时间自然就少了。晚上回来，他总是很疲惫的样子，倒头就躺在了床上。她让他削个梨，他苦笑着说："我明天还要早起上班呢！赶快睡吧！"她认为他不怎么爱她了，经常回忆起他给自己削梨的情景，有了一种失落的感觉。

很快地，他在公司里得到重用，每天都有很多业务，日子过得忙忙碌碌。有时他也去很远的城市出差，一个星期都回不来。

他不在身边的日子，她感到有点寂寞和孤独。此时，她的上司走近了她。他是一个成熟、稳健的成功人士，深深地把她吸引住了。上司常常给她买很多的梨，都是那种非常好的香梨，没有虫眼儿，皮很光滑，也不需要削皮。她感动了，在一次偶然的机会，她出轨了。事后，她懊悔不已，感觉自己对不起他，恼恨自己不该这么冲动。

他出差回来，她把自己的不忠告诉了他。她想，他要是不原谅自己，就和他好合好散，因为她不想欺骗他的感情。他沉默了半晌说："我给你削个梨吧！"他拿起一个满是虫眼儿的梨开始削，先仔细地把虫眼儿一个个挖去，然后开始削皮。她看着他削梨，想到了校园，想到了和他在一起的那些美好的日子。更让她意想不到的是，他削皮依然是那么专注、那么熟练。当他把一个削好的梨递给她时，说："经历了开花、授粉，才有了现在这个果实，我们不能因为梨有了一个小小的虫眼儿就把它扔掉，那样，就太可惜了啊！削掉虫眼儿，依然可以吃。"

她哭了，她知道，这个带虫眼儿的梨就是他们的爱情见证。

真正的宽恕和轻松必须来自婚姻中的另一方，只有对方才拥有这样的力量把你从堕落的深渊里拯救出来。没有一颗追悔的心能逃脱良心的追捕，如果你在婚前有难堪的情史，或在婚后有偶尔的出轨，你的灵魂都不会安宁，及时向爱人坦白一切，不论结

果如何都是一种灵魂的解脱。

人生短短几十年，何苦活得那么疲累，对于不愉快的事，何不学会忘却？忘却，对痛苦是解脱，对疲惫是宽慰，对自我是一种升华。

无论生命里出现什么，都要欣然接受，因为不管是高兴快乐还是悲伤难过，一样要跨过路上的坎坎坷坷，一样要经历人生的风风雨雨，为何不微笑着面对呢？就算不可以选择命运，至少也可以选择自己的心情。

第五章

舍得贪恋，得快乐

你拥有一千个快乐的理由，

却更幻想一万个贪恋。

那么，你还有笑容吗？

不负红叶

生活中，你一定有过许许多多这样的日子：常常为昨天的失落而念念不忘，喋喋不休，耿耿于怀；又常常为明天的希望而意气风发，热血沸腾，斗志昂扬。然而，或许你觉察不到，沉醉在这埋怨与幻想、追悔与兴奋当中，我们就会浪费最宝贵也最容易失去的今天。

一位哲学家途经荒漠，看到很久以前的一座城池的废墟。岁月已经让这个城池满目疮痍了，但仔细观察却依然能辨析出它昔日辉煌时的风采。哲学家想在此休息一下，就在一个石雕旁边坐了下来。

他点燃一支烟，望着被历史遗弃的城垣，想象着这里曾经发生过的故事，不由得感叹了一声。

忽然，有人说："先生，你感叹什么呀？

他四下里望了望，却没有看到人，便疑惑起来。那声音又响了起来，原来是石雕在说话。他仔细端详那个石雕，原来它是一尊奇怪的“双面神”神像。

他没有见过双面神：“你为什么会有两副面孔呢？”双面神回答说：“有了两副面孔，我才能一面察看过去，牢牢地记住曾经的教训；另一面又可以瞻望未来，去憧憬无限美好的明天啊。”

哲学家说：“过去的只能是现在的逝去，再也无法留住；而未来又是现在的延续，是你现在无法得到的。可你却不把现在放在眼里，即使你能对过去了如指掌、对未来洞察先知，那又有什么具体的实际意义呢？”

听了哲学家的话，双面神不由得痛哭起来，他说：“先生啊，听了你的话我才明白，为什么今天我会落得如此悲惨的下场。”

哲学家问：“为什么？”

双面神说：“很久以前，我驻守这座城时，自诩能够一面察看过去，一面瞻望未来，所以没有好好地把握住现在，结果这座城池被敌人攻陷了，美丽的辉煌成为过眼云烟，我也被人们唾弃在废墟中了。”

昨天是失去的今天，明天是未来的今天。只有今天，才是我们真实地拥有着的。

把握好今天，我们才拥有一个真实的自己。充分占有和利用好每一个今天，我们才能摆脱昨天的痛苦，踏平一路的坎坷，耕耘今天的希望，收获明天的喜悦。

人生最大的痛苦莫过于等待死亡，因为正常情况下，人活在世上都是活在对未来的期望之中，倘若知道死亡近在咫尺，希望的火焰就会熄灭，往往会心如死灰，一切也就变得不再有意义。

看着时间一分一秒地流逝，感受生命像鲜血一样一滴滴从身体流失，专心忍受时光残忍的折磨，这又有多大的意义呢？不如把一切都放下，放下对生命的牵挂，放下对未来的执著，把握唯一能把握的当下，做手边能做的事，把当下的每一分每一秒都活得充实，那么生命便有了最现实的意义。一位大师常说“见了便做，做了便放下，了了有何不了”。这种心态其实包含着大智慧。活在当下，便活出了未来。

有个小徒弟，每天早上负责清扫寺院里的落叶。

清晨起床扫落叶实在是一件苦差事，尤其是在秋冬之际，每一次起风时，树叶总是随风漫天飞舞，每天早上都需要花费许多时间才能清扫完树叶，这让小徒弟头痛不已。因此，他一直想要找个好办法让自己轻松些。

后来有个师兄跟他说：“明天你在打扫之前先用力摇树，把落叶统统摇下来，这样后天你就可以不用扫落叶了。”小徒弟很高兴，觉得这是个好办法。于是第二天他起了个大早，使劲地摇树，以为这样就可以把今天跟明天的落叶一次扫干净了。一整天小徒弟都非常开心。

第二天，小徒弟到院子里一看，不禁傻眼了，院子里如往日一样满地落叶。师父走了过来，对小徒弟说："傻孩子，无论你今天怎么用力，落叶明天还是会飘下来。"小徒弟终于明白了，世上有很多事是无法提前了结的，唯有认真地把现在过好，才是最真实的人生态度。

生活在过去和未来之间的当下就好像走在一条险象环生的山路上，它的两边都充满了危险，可一旦你尝到了"当下"片刻的甜蜜，你就不会再去顾虑那些危险；一旦你跟生命保持在同一步调，其他的也就无关紧要了。对你而言，生命就是一切。

当生命走向尽头的时候，不妨问自己一个问题：这一生你觉得了无遗憾吗？想做的事你都做了吗？你有没有好好笑过、真正快乐过？

想想看，你这一生是怎么度过的：年轻的时候，你拼了命想挤进一流的大学；随后，你巴不得赶快毕业找一份好工作；接着，你迫不及待地结婚、生小孩，然后又整天盼望小孩快点长大，好减轻你的负担；后来，孩子长大了，你又恨不得赶快退休；最后，你真的退休了，不过你也老得几乎连路都走不动了……当你正想停下来好好喘口气的时候，生命也快要结束了。其实，这不就是大多数人的人生写照吗？他们奔波劳碌了一生，时时刻刻为生命担忧，为未来做准备，一心一意计划着以后发生的事，却忘了把眼光放在“现在”，等到时间一分一秒地溜过，才恍然大悟“时不我待”。

《弟子规》里有这么一句话：“朝起早，夜眠迟，老易至，惜此时。”主要是告诉我们要懂得珍惜时间，否则失去了就再也找不回来。时间的脚步无声无息，冬去春来，天回地转，稍不留意，岁月就会从你身边悄悄溜走。它不会给浪费时间的人任何宽恕，也不会因任何人的苦苦哀求而偶尔回顾。它能使红花萎谢、绿叶凋零；会让红颜变成白发，让童稚变成老朽。时间是无情的，又是有情的，对于珍惜时间的人，它会馈赠以无穷的智慧和财富。

从前，有个年轻英俊的国王，他既有权势，又很富有，但却被两个问题所困扰。他经常不断地问自己，一生中最重要的时光是什么时候？一生中最重要的人是谁？他对全世界的哲学家宣布，凡是能圆满地回答出这两个问题的人，将可以分享他的财富。哲学家们从世界各个角落赶来了，但他们的答案却没有一个能让国王满意的。

这时有人告诉国王，在很远的山里住着一位非常有智慧的老人，也许能帮他找到答案。于是，国王装扮成一个农民，来到了那个智慧老人居住的地方。

他来到智慧老人住的简陋的小屋前，发现老人盘腿坐在地上，正在挖着什么。“听说你是个很有智慧的人，能回答所有问题”，国王说，“那么，你能告诉我谁是我生命中最重要的人？何时是最重要的时刻吗？”

“帮我挖点土豆，”老人说，“把它们拿到河边洗干净。我烧些水，你可以和我一起喝一点汤。”

国王以为这是老人对他的考验，就照他说的做了。他和老人一起呆了几天，希望他的问题能得到解答，但老人却一直没有回答。

最后，国王对自己和这个老人在一起浪费了好几天时间感到非常气愤。他拿出国王玉玺表明了自己的身份，宣布老人是个骗子。

老人说：“我们第一天相遇时，我就回答了你的问题，但你没明白我的答案。”

“你的意思是什么呢？”国王问。

“你来的时候我向你表示欢迎，让你住在我家里。”老人接着说，“要知道过去的已经过去，将来的还未来临——你生命中最重要的时刻就是现在，你生命中最重要的人就是现在和你呆在一起的人，因为正是他和你分享并体验着生活啊。”

人生中最重要的时光是什么时候？当然就是“现在”拥有的时光，因为过去的已经不能再回头，未来的还没有发生。珍惜现在、“活在当下”才是人生最幸福和快乐的，才是人生最重要的。

甩掉贪婪

人时常会有软弱的时候。谁没有七情六欲、手足亲情？当他们遇到困难时总要设法解决，但这并不意味就可以用手中的权力去换取利益，更不能去索取、去谋利。在软弱中锤炼自己，学会坚强，我们就会迎来生命的成长、快乐和希望。

狮子在森林里召开大会，说新建了一座储藏食物的大仓库，问谁愿意来看管。狐狸说愿意，狮子笑着答应了。过了几天，狮子来检查工作，看到狐狸正在仓库门口认真地巡逻，狮子满意地点点头。走进仓库，里面的鱼、肉都摆放得整整齐齐，一样也不少。在狮子清点食物的时候，狐狸随手拿了一条小鱼放进了自己的口袋，狮子看见后皱了皱眉头。晚上，狮子叫来狐狸，严肃地对他说："明天你不用再来看管仓库了。"狐狸惊讶地问为什么？狮子说："你工作得很认真，不过我看见你把一条小鱼放进了自己的口袋。"狐狸说："那只是一条很小的鱼，仓库里的鱼那么多，你还在乎一条小鱼呀！"狮子说："每天拿一条小鱼，一年加起来就是三百六十五条；今天你拿一条小的，明天你或许会拿一条大的。做事要廉洁，不能拿不属于自己的东西，哪怕是极小的。”

泰戈尔说：“顶不住眼前的诱惑，便会失掉未来的幸福。”所以，我们不应因一时的贪念而作出错误的选择。

“知足者，方常乐。”我们应该以积极、审慎的态度去对待人生，不应恣意膨胀自己的欲望，去追求那些不现实的目标，甚至于不择手段、不计后果、不惜代价，而要学会在欲望中满足，在诱惑前止步。切莫贪图眼前小利而断送今生幸福，一失足成千古恨。

一味贪求的人都有一个共同点，那就是忽略自己的弱点，不顾一切地去满足自己的欲望。这时，即使危险摆在面前他们也会视而不见，无法看到危险的后果，因为一味地贪求让他们失去了清醒的头脑，为了一点蝇头小利而失去很多宝贵的东西，甚至是生命。

动物界有这样一种动物，它不是死于自己的天敌，而是死于自己的贪求，它就是北极熊。在北极圈里，北极熊没有什么天敌，但是聪明的因纽特人却可以轻易逮到它。因纽特人的方法很简单：他们杀死一只海豹，把它的血倒进一个水桶里，然后将一把双刃匕首插在血液中央。因为北极地区气温很低，所以海豹的血液很快就能凝固，匕首就被冻在血中间，像一个巨大的棒冰。

随后，因纽特人就把棒冰倒出来，丢在雪原上。

北极熊有一个特性，它们嗜血如命，依靠敏锐的鼻子能闻到好几公里之外的血腥味。当它闻到因纽特人丢在雪地上的血棒冰的气味时，就会迅速赶到，并开始舔起美味的血棒冰。舔着舔着，舌头渐渐麻木，但是无论如何，它也不愿意放弃这样的美食。忽然，血的味道变得更好——那是更新鲜的血、温热的血。

其实，那正是它自己的鲜血——当它舔到棒冰的中央部分，匕首扎破了它的舌头，血流出来。这时，它的舌头早已麻木，没有了感觉，而鼻子却很敏感，知道新鲜的血来了。这样不断舔食的结果就是，舌头伤得更深，血流得更多。

最后，北极熊因为失血过多，休克昏厥过去。这时，因纽特人走过去，不必花多少力气，就可以轻松捕获它。

没有人想做北极熊，但我们也会被自己的“棒冰”刺杀，在不知不觉中失去控制力。

大多数人都对财富有着渴求，也正是这种欲望激励了许多人去奋斗，去获得更多财富，改善自己的生活。这种欲望是正当的，也是合理的，但是一旦对财富的追求变得没有边际，失去控制，追求就变成了贪婪，那么人生就会陷入迷途，幸福也就与之无缘。

贪婪是一种顽疾，人们极易成为它的奴隶，变得越来越贪婪。

因此，人们需要时刻提防自己，不能让追求变成贪求，更不能让它变成贪婪。人的欲念无止境，当得到很多时，仍指望得到更多。一味地贪求厚利、永不知足的人，等于是在愚弄自己，让自己失去更多。

希腊的《伊索寓言》里有这样一句话："贪婪往往是祸患的根源。"无数事实证明，物质上的"不知足"总会使人失去理智，迷失自我。"知足"的人对待名利更豁达，看得更高远，他们能抛开一切名缰利锁的束缚，让自己的人生充实、丰富、自由和纯净。知足也让他们变得更加理智和成熟。

很多人都听过这样一个故事：

一个老渔夫和他的老太婆住在大海边，以捕鱼为生。一天，老渔夫捕到了一条美丽的金鱼，金鱼哀求道："放我回大海吧，我可以满足你的任何要求！"善良的老渔夫没有提任何要求，就把金鱼放回了大海。

回到家，他把这件事告诉了老太婆，老太婆发怒了："为什么不向它要点什么？去，快去要只新的木盆来。"老渔夫只好硬着头皮去向金鱼要。新木盆有了，老太婆又要新房子；房子有了，老太婆还要当贵妇人；做腻了贵妇人，老太婆又要当海上女霸王，让金鱼听从她的使唤。每次金鱼都接受了老渔夫的要求，帮他满足老太婆的种种欲望，可是这次金鱼什么也没说。老渔夫回去一看，金碧辉煌的宫殿消失了，仿佛一切都没发生过一样。眼前仍是那破旧的小木盆，老太婆依然在门边，守着那个破木盆……

现实生活中，人们往往缺少渔夫的“知足”精神，把自己变成了贪婪的“老太婆”。有的人从不懂得知足，在同别人攀比中，感到更多的不满足，越比活得越不快乐；有的人贪心不足，狂敛钱财，被“贪火”所焚，被“欲水”所溺，最终付出了沉重代价，落得个身败名裂、遗臭万年的下场。这些活生生的事例都充分印证了“祸莫大于不知足”的真理。

人常说“知足者常乐”，面对物欲横流，作为芸芸众生中的一分子，勇于做一个知足者，才能与乐观相随；唯有常乐者，快乐才能与你同在。不知足的心常常将人引向贪婪，攫取远超过自身需求的金钱、物质、财富等。被贪婪俘获的人，等待他们的只会是无尽的痛苦。

清人胡澹淹写了一首打油诗《不知足》:“终日奔忙只为饥，才得饱来又思衣；置下绫罗身上穿，抬头又嫌房屋低；盖下高楼并大厦，床前缺少美貌妻；娇妻美妾都要下，又虑出门没马骑；将钱买下高头马，马前马后少跟随；家人招下十数个，有钱没势被人欺；一铨铨到知县位，又说官小势位卑；一攀攀到阁老位，每日思想要登基；一日南面坐天下，又想神仙来下棋；洞宾与他把棋下，又问哪是上天梯；上天梯子未做下，阎王发牌鬼来催；

若非此人大限到，上到天上还嫌低。”

这诗把贪婪者的心理状态刻画得淋漓尽致，同时也深刻地揭示了一条真理：过分地“污染”心灵、放纵行为是会付出代价的，贪婪必将导致堕落毁灭。

每个人都有自己的欲望，人的欲望又是永无止境的，俗话说：“猛兽易伏，人心难降；溪壑易填，人心难满。”而生活所能提供给欲望的满足却又总是有限的。不少人虽然每天食有鱼、穿名牌、住靓宅、行有车，但是依然体味不到生活的欢乐。

人生之祸又大多是由不知足引起的，唐人李群玉在《钓鱼》一文中如是说：“须知香饵下，触口是铦钩。”当今世上那些贪权贪财之人，还不是在欲望的钩子上败走麦城？更有甚者，对钱财、对权位、对美色贪得无厌，从而肆无忌惮地用不法手段攫取，以至最终搬起石头砸自己的脚，弄得身败名裂甚至误了卿卿性命。再看看监狱里形形色色的犯人，又有几个不是由于贪心而失去了自由身？

正如老子在《道德经》所言：“是故甚爱必大费，多藏必厚亡。故知足不辱，知止不殆，可以长久。”就是说，过于爱名利，就必定要付出更多的代价，过于积敛财富，必定会遭到更为惨重的损失。所以，懂得满足，就不会受到屈辱；懂得适可而止，就不会遇到危险，这样才可以有长久的平安。

—— 幸福的瑕疵 ——

有包容心的人更容易得到别人的尊重和帮助。他们会因为谦和的姿态避免成为别人的攻击目标，有着更加和谐的人际关系，从而使自己的生活、工作、事业顺风顺水。所以，让自己包容一点吧，如果你在工作中感觉压力过大、疑虑重重，让自己包容一点吧；如果你跟朋友、跟合作伙伴总是话不投机，让自己包容一点吧；如果你的婚姻生活中总是有那么多的误会和矛盾，让自己包容一点吧……

爱占小便宜不愿吃亏的人，占到的也仅仅是小便宜。俗话说“吃小亏占大便宜”，确实，有吃小亏甚至吃大亏的胸怀，就不愁有什么东西得不到。同样，不肯谦让人的人也难以被人谦让，听不进逆耳之言的人会成为人人唯恐避之不及的孤家寡人。孔子说：己所不欲，勿施于人。包容，正是充分考虑了他人的利益，考虑了大局的利益。老子说“夫唯不争，故天下莫能与之争”就是这个道理，这不正是大智慧的表现吗？

在婚姻生活中，有一种感动叫相亲相爱，有一种感动叫相濡以沫，还有一种感动叫包容与理解。婚姻犹如行驶在大海中的一帆小船，有时风平浪静、一帆风顺，有时则波涛汹涌、险象环生。只有划动包容的桨，挂起理解的帆，同心协力才能到达幸福的彼岸。

有一个人非常幸运地得到一颗硕大而美丽的珍珠，然而他并不感到满足，因为那颗珍珠上面有一个小小的斑点。

他想，若是能够将这个小小的斑点剔除，那么它肯定会成为世界上最珍贵的宝物。

于是，他就下狠心削去了珍珠的表层，可是斑点还在；接着他削去了一层又一层，直到最后，那个斑点是没有了，而珍珠也不复存在了。

那个人痛心不已，并由此一病不起。在临终前，他无比懊悔地对家人说："若当时我不去计较那一个斑点，现在我的手里还会握着一颗美丽的珍珠啊。"

真正的幸福，其实不是让我们冒着背负终生之憾的危险，去剔除对方身上那一点点微不足道的瑕疵，而是要我们把握好自己手里的那一颗实实在在的珍珠。学会包容与珍惜，才能从彼此心灵的共鸣里感觉到真正的幸福。

当一对新人带着恋爱中的浪漫缠绵，带着对未来生活的甜蜜憧憬走进婚姻时，才会发现在婚姻生活中，体现的更多的是平淡。

恋爱虽很浪漫，但婚姻却很现实。再梦幻的爱情终有梦醒之时，总要回归到柴米油盐的现实中来。

如果把婚姻比作汽车，爱就是灯光，而包容、忍让、体贴就是润滑油。在婚姻生活中，当男人暴跳如雷的时候，女人的忍耐可化解战争；当女人使小性子的时候，男人的包容可化解这种纠缠。即使两人发生激烈的冲突，也将会很快化险为夷。人类爱情的最高境界是回归到同甘共苦的亲情中，回归到共担责任的婚姻中，即所谓“执子之手，与子携老”。

婚姻生活能让人从中学会很多的东西。彼此的理解与包容，是爱里最温情的部分。每个人要学会仔细品味自己的婚姻，仔细地审视婚姻中的自己，再以充满欣赏的目光，去看待与你同甘共苦的另一半。更为重要的是，要学会在淡淡如水的感情中品味一种淡然的清香，在平淡的过程中品味婚姻的温暖。

担当

逃避是一种消极心态和没有勇气面对挑战的行为。事实上，越逃避就越躲不开失败的命运，越敢于迎头而上就越能品尝到成功的甘甜。工作中，喜欢逃避的人屡见不鲜，然而逃避始终是件不光彩的事情。爱逃避者常常说“这不是我的错”、“我不是故意的”、“本来不会这样的”、“这不是我干的”等等，这些都是逃避的借口。逃避责任只能暂时解脱，很难在工作中获得好的业绩。凡是不愿意多承担责任的人要么就一辈子原地踏步，要么被别人踩在脚下，永远没有成就一番事业的机会。

李和张是快递公司的两名新员工。平日工作中，他们俩是搭档，工作一直都很认真，也很卖力。上司对这两名新员工很满意，然而随后发生的一件事却改变了两个人的命运。

一次，李和张接了一笔大单，需要把一个贵重的邮件送上飞机。上司反复叮嘱他们要小心，因为这里面装有一个价值不菲的“翡翠香炉”。

不幸的是，送货车快抵达飞机场的时候突然熄火了。

问题一时半会解决不了，可这时离飞机起飞的时间也快到了。于是，张焦急地说：“怎么搞的，出门前你为什么不把车检查好，现在飞机快起飞了。如果不按规定时间送到，我们要被扣奖金的。”

李没有生气，只是说：“对不起！这样吧，我的力气大，我来背吧，距离目的地也不远了。”

“那好，你背吧！”张说。

李背起邮件，一路小跑，终于按照规定的时间赶到了目的地，远远地看到了在那等待的客户。这时，张突然说:“你先歇歇，我来背吧，你去招呼货主。”他心里暗想，如果客户能把这件事告诉老板，说不定还会给我一个晋升的机会。他只顾美美地想着，当李把邮件递给他的时候，他一时脱手没接住，邮包掉在了地上，“哗啦”一声，“翡翠香炉”碎了。

“啊？……你……你怎么搞的，我没接你就放手。”张大喊。

“对不起，你明明伸出手了，是你没接住。”李道。

李和张都知道，这个贵重的邮件打碎了意味着什么：他们不但会丢了工作，可能还要偿还沉重的债务。果然，回到公司，老板对他俩进行了严厉的批评。

“老板，不是我的错，是李弄坏的。”张趁着李不注意，先走进老板的办公室，对老板说。老板平静地说:“谢谢你，张，我知道了。”

随后，老板把李叫到了办公室。“李，你怎么那么大意，你知道那邮件有多贵重吗？”李就把事情的原委告诉了老板，最后说“这件事情是我们的失职，我愿意承担责任，一定会弥补我们造成的损失的。”

李和张一直等待处理的结果，但是结果却很出乎他们的意料。

老板把李和张叫到了办公室，对他们说:“公司对你们两个人一直很器重，想从你们当中选择一个人担任客户部经理，没想到却出了这样一件事情，不过也好，这会让我更清楚哪一个人是合适的人选。”

张看着李沮丧的表情暗喜，以为一定是自己无疑。

“我们决定请李担任公司的客户部经理，因为一个勇于承担责任的人是值得信任的。李，用你赚的钱来偿还客户的损失。张，你自己想办法偿还客户的损失。另外，你明天不用来上班了。”

“老板，为什么？”张吃惊地问。

“客户已经把事情的始末都告诉我了。还有，我也看到了问题发生后你们两个人的反应。”老板最后说。

谁没找过借口呢？找借口进行解释实际上是通向失败的前奏。找借口的行为只能造就成千上万平庸的企业和千千万万平庸的员工。面对失败，是选择承担责任，还是选择找借口逃避呢？选择承担责任，你的路是向前的，责任会鞭策着你走得更远；选择找借口逃避，你的路是后退的，借口会牵引你原地踏步甚至后退。

日本零售业巨头大荣公司的员工中曾流传着这样一个故事：两个很优秀的年轻人毕业后一起进入大荣公司，不久被同时派遣到一家大型连锁店做一线销售员。一天，这家店在清核账目的时候发现所交纳的营业税比以前多了很多，仔细检查后发现，原来是两个年轻人负责的店面将营业额多打了一个零！于是经理把他们叫进了办公室，当经理问到具体情况时，两人面面相觑，但账单就在眼前，一切都是确凿的。一阵沉默之后，两个年轻人分别开口说话了，其中一个解释说自己刚开始上岗，所以有些紧张，再加上对公司的财务制度还不是很熟，所以……而在这时，另一个年轻人却没有多说什么，只是对经理说，这的确是他们的过失，他愿意用两个月的奖金来补偿，同时保证以后再也不会犯同样的错误。走出经理室，开始说话的那个员工对后者说："你也太傻了吧，两个月的奖金，那岂不是白干了？这种事情咱们新手随便找个借口就推脱过去了。"后者却仅仅是笑了笑，什么都没说。但从这以后，公司里好几次培训学习的机会都是那个勇于担当的年轻人获得了。另一个年轻人坐不住了，跑去质问经理为什么这么不公平。经理没有对他做过多的解释，只是对他说："一个事后不愿承担责任的人，是不值得团队信任与培养的。"

一个真正的成功者，一个真正优秀的员工不会为自己的错误寻找任何解释与借口。

许多人之所以一生平庸，其原因就在于他们万事皆找借口。高考落榜，说发挥不正常；找不到好工作，说自己没后台；工作不顺利，说现在经济形势不好……反正所有的失败都有借口。于是，他们便在一个个借口中沉沦，暂时得到解脱，暂时得到一种阿 Q 式的精神快乐，但这样只能让他们更加平庸！

有责任感，就是要勇于承担自身的责任。面对错误，有人会诚恳地承认，斩钉截铁地说：“这是我的错！”能够承认错误，正是勇于担当责任的开始！面对过失，人们往往优柔寡断，没有及时承认错误的勇气，这就容易给自己留有时间寻找借口，开脱责任。其实，如果我们诚恳地承认错误，往往会获得他人的谅解。

不流汗的人生

在人生道路上，理想和挫折从来都是一对伴侣，总是相伴而行。

也许，你曾觉得你的才华被埋没了；也许，你曾埋怨命运无情；也许，你曾幻想过有一个艳遇；也许，你在承担一个人的寂寞。在人群中生活，你却没有存在感，面对着这个世界，像是一个过客。这种无奈与无力感为此深入骨髓，要靠什么来拯救？

相信梦想是人生价值的源泉，相信眼光决定未来的一切；相信人生有挫折，相信生命的光华来自绝不妥协的信念。要知道，相信成功的信念比成功本身更重要。

“宝剑锋从磨砺出，梅花香自苦寒来。”只有经过苦难的煎熬、等待的孤寂，才会懂得以客观的态度去正视生活，这才是智者唯一的选择。

等待，是一种意志上的磨炼，可以让个性和心胸上得到完善、扩充；等待，是一种阅历上的积累，可以在为人处事上得以提高。学会等待，就等于找到了走向成功的敲门砖，就等于拥有了登上山峰的铺路石；学会等待，才能走向成熟，才能拥抱成功。

忍耐，对于古人来说是成就一番事业的一剂良药。“良药虽苦利于病”，可以治标治本，解决根本问题。在现代社会，忍耐则更像是一句逆耳忠言。虽然仅凭忍耐不能让人走向成功，可是如果不懂得忍耐，无法接受理想与现实的强烈对比而失去一颗平常心，那么最先被打败的将是自己。

在一次车祸中，一个小女孩被撞成重伤，虽然经医院全力抢救脱离了生命危险，但她的下半身却失去了知觉。医生告诉她的妈妈，这孩子以后可能要在轮椅上度过后半生了。

以后再也不能跳自己喜欢的“孔雀舞”了，小女孩很伤心；可是对舞蹈的热爱使这个女孩变得十分坚强。一股强烈的信念自女孩的心底涌起：我一定要重新站起来！

从此，她开始了痛苦而漫长的锻炼。每天她都会奋力推开轮椅，然后拖着无力的双腿，在地板上匍匐前进，一点一点从一个房间爬向另一个房间。接着，她用尽全身力气，努力地抓住床沿站起来，并且试着行走。每走一步，汗水就从额头上滚滚而下，她停下来喘口气，咬紧牙关又拖着双腿再次出发，直到床的尽头。

一天天过去了，她的双腿仍然没有任何知觉。她不甘心，握紧拳头告诉自己：我一定要跳“孔雀舞”。终于，在一个清晨，当她再次拖着无力的双腿紧扶着床沿行走时，一阵常人所无法忍受的、钻心的疼痛从下身传了过来。那一刻，她惊呆了。

从那以后，她的身体恢复得很快。先是能够慢慢地站起来，扶着床沿走上几步，渐渐地便可以独立行走了。终于有一天，她竟然在院子里跳了起来。自此，她的生活与一般的女孩子再无两样。到读大学的时候，她还被选进了舞蹈队。

只有经历过地狱般的折磨，才有征服天堂的力量；只有流过血的手指，才能弹奏出世间的绝唱。

对事业怀有信念，相信自己，乃是获得成功不可或缺的前提，是激励自己达到所希望的目标的积极态度。

怀有信念的人是值得敬佩的。他们遇事不会畏缩后退，而是勇往直前；他们健壮而充满活力，凡事全力以赴，尽力解决任何问题。

人生的道路上，对目标的追求要高就，但实现目标的心态要低就。如果进行一场时间的考试，那么人生将是答卷。有的人从一开始答卷就想逃避，想少做一些难题，而有的人却想用一道道难题来证明自己。

有的人的一生需要用“机遇”来诠释，有的人则是用“努力和踏实”来证明。人的一生犹如登山，踏踏实实一步一步地向上攀登，当你在峰顶“一览众山小”的时候，全身的汗水和脚上的水泡便是一种见证。

有些人贪图享受，不想经受磨难，总想轻轻松松地过上优越的生活。他们经不起享受的诱惑，轻易地就成了诱惑的俘虏。其实，磨难是人生的必修课，今天你逃避了，将来必有一天要补上！

要成功，就需要具备追求目标的坚定信心，需要进行长期韧性的战斗，需要克服随时干扰心性的惰性。实现理想，要耐得住寂寞，更要经得起诱惑。

诱惑的面具

如果说好运气通常是不幸的前奏，那我们可以理解为受到良机青睐的人往往会沉溺其中，放弃了努力。稍有成绩，就自我满足，不思进取，慢慢地变得懒散。捧着财富肆意挥霍，享受一时之快，倘若突然遇上困难，他们才会发觉自己已经失去了创造价值的能力，连原来从事的工作都做不了了。目光短浅的他们仅能看见眼前的事情而已。

不少职业拳击手每出场一次都能赚取数十万美元的报酬，为了赢得比赛，他们都经受过长时间的严酷训练，辛苦无比。因此，当他们在赛场上取得成功之后，为了弥补以往的辛苦，就过上了糜烂的生活，最终踏入歧途。

不要因现状而满足，也不要因现状而失望。只有不满足于现状又能为远大目标而奋斗的人，才能最终获得幸福。

当生活中遭遇危机之时，我们很容易觉醒；可是，当处于顺境之时，却容易失去警觉，被社会上的诱惑牵引，甚至沦落到任人宰割的地步。

“天下没有免费的午餐”，现实生活中，有很多诱惑都具有潜在危险。在生命的旅程中，唯有学会拒绝诱惑，才能安全地到达成功的彼岸。然而，能有多少次机会可以让我们学习和醒悟呢？

塞翁失马，焉知非福。遭遇困难或危险对我们来说未必是件坏事，在安乐的环境中最容易忽略可能潜藏的危机，降低警觉性，使自己陷入危险之中而不自知，待到危机发生以后再警觉就为时已晚，所以必须在平时生活中不断克服自身的惰性，保持警觉。

草原上的小野马向往着家马的生活，因为家马可以在人们家里不愁吃喝，每天有人梳理鬃毛，还可以任意玩乐，日子过得相当逍遥。

可是，转念一想，它立刻又清醒了过来。家马虽然有人给它吃喝，可也要付出代价，它得被人骑在背上。人类养它的目的不就是为了征服它的野性吗？想想家马的命运，小野马情不自禁地打了个寒战，眼神里流露出无限的同情。

它想："虽然我自己觅食有些辛苦，但是我却能在草原上自由驰骋，还有什么比这更重要的呢？"

可挨饿了三天后，它有些动摇了。

它想：家马之所以摆脱不了被骑在背上的命运，在于它一出生就被钉上马掌，拴上缰绳，可我是自由之身，我有强壮的体魄可以反抗人类的力量。我可以乔装打扮，混在人类家里先美美地吃上一个冬天，等我厌倦了，再逃出去也不迟啊。

于是，当天晚上，它纵身一跃就跳进了马棚。

这个冬天，它和家马一样享受了由人伺候的"美好"生活。

转眼一年时间过去了。有一天，农户觉得这匹马品种优良，准备训练它。于是，当天晚上，它准备逃命。可是无论怎样努力，它都跳不出马棚了。太久没有驰骋草原，它已经找不到那种追风的感觉了。

一切悔之晚矣，最终这匹一度遨游四方的小野马也不得不被套上了缰绳。

要明白，最美好的生活往往就是我们每天努力而后收获的生活，任何不劳而获的想法都是不切实际的。

曾国藩说，身居高位的规律大约有三端：一是不参与，就像是与自己没有丝毫的交涉；二是没有结局，古人所说的“一天比一天谨慎，唯恐高位不长久”，身居高位、行走危险之地而能够善终的人太少了；三是不胜任，唯恐自己不能胜任。

不参与，面对一些诱惑能拒绝。被利益诱惑牵绊，总有一天会被揪出来；没结局，学会谨慎，就是多给自己一份定力，更从容坚定地面对诱惑；不胜任，唯恐自己不能胜任，虽是一句谦辞，但说明不要目中无人、自高自傲。在职场，一个人一旦毫无顾忌，必然会被诱惑打开缺口。

鲁国人公仪休很喜欢吃鱼，当了鲁国的相国后，很多人送鱼给他，他都一一婉言谢绝了。他的学生问他：“先生，你这么喜欢吃鱼，别人把鱼送上门来，为何又不要了呢？”他回答说：“正因为我爱吃鱼，才不能随便收下别人送的鱼。如果我经常收受别人送的鱼，就会背上徇私受贿之罪，说不定哪一天会免去我相国的职务，到那时我这个喜欢吃鱼的人就不能常常有鱼吃了。现在我廉洁奉公，不接受别人的贿赂，鲁君就不会随随便便地免掉我相国的职务，只要不免掉我的职务，就常常有鱼吃了。”

公仪休不接受别人的鱼，是因为他有自己的立身原则，他不会为了蝇头小利去铤而走险，最后使自己想吃鱼而没有鱼吃。

面对纷繁复杂的大千世界，一个人不可能万事如意，不顺心、不如意是家常便饭，尤其是在面临重重困难之时。在职场，扛得住诱惑，就守住了最大的本钱。无论是在失败挫折之时，在成长进步不顺之时，在坐冷板凳之时，若能抵抗住诱惑，就能变挫折为财富，变被动为主动，变无为为有为，最终实现人生价值。

一个人做事，首先要沉得住气。

沉得住气，才能锻炼出良好的心理素质。一些年轻人最容易犯的毛病，不是不能克服困难，而是沉不住气，争一时之快，逞一时之能；被眼前的蝇头小利所迷惑，看不到未来和长远；遇到一点挫折和困难，就想不开、想不通。许多前途无量的年轻人就是在这个问题上定位不准，犯了错误，最终一事无成。

当然，沉得住气，绝非沉沦，而是自立自强。每个人都有自己的理想和目标，那就要树立“将军赶路，不追小兔”的思想，不管遇到什么困难，都不能改变既定的方向和目标，要从长远看、发展看、未来看，不能一叶障目，不识泰山。一定要沉得下气来，不急不躁不火，淡泊名利，走自己的路，瞄准自己的方向，不向挫折低头，到头来必然会有更大的作为。

其次要静得下心。

浮华，静不下来，带有一定的普遍性。当四周充满着浮躁的事物，充满金钱、美色、利益等诱惑时，有的人经不起诱惑，沉不下去，静不下心，始终处在一种浮华迷惑之中，最后被诱惑打倒，成为别人的笑料。

社会上有诱惑，这很正常，关键是不要心浮气躁，不要总想走捷径，那样就会事与愿违、适得其反。

最后，要坚持得住。

沉潜得越深，同时承受的压力也越大，同时积聚破水而出的力量就越大。在现实生活中，有的人“沉潜”一会儿还行，长时间“沉潜”或多次“沉潜”就受不了，最终只能是半途而废、前功尽弃。抵抗得住利益诱惑的人，自然能在职场走得更远。

十年的媳妇熬成婆。在成长中，有时候就要不怕坐冷板凳，再冷也要坚持得住，也就是说要有耐力，要培养“忍商”，就像战场上的两军对垒，每当旗鼓相当之时，往往谁坚持得住，谁就是最后的胜利者。

因此，在面对诱惑时，一定要有一颗平常心，坚守自我，扬己之长，避己之短。必须把每一次坚持当作接近成功的开始，当作历练自己的机会。

昨天的风月

有人说，有一种痛苦叫错过，这是最深刻的痛苦。也许，人生中一些极其珍贵的东西常常与我们失之交臂，这会让人懊悔不已。而这种懊悔会变成一把锋利的刀子，在我们心上剜出血来。

实际上，错过了，收获的并不一定都是遗憾，有时甚至可能是圆满。要知道，有些美好是不得不错过的，而有些美好则需要你去错过。不过，错过需要勇气，也需要智慧。

曾经的爱，人们总想让它成为永远。许多年过去后，才发现它已渐渐变淡了。于是慢慢懂得，原来握在手里的，不一定就是我们想拥有的；所拥有的，也不一定就是我们真正刻骨铭心的。

人长大后才明白，爱情这东西岂能仅靠两个人的能力维系。要知道，这世界有太多不可预测的事情了。

爱情，需要一点心动，需要一点缘分，需要一点外力。有时，外力却是那么强大，强大到可以摧毁一份海誓山盟的爱情，也可以造就一段旷世奇缘。

从前，有一个叫哈远的人，每次与人发生矛盾生气的时候，他就以很快的速度绕着自己的房子和土地跑三圈。因为哈远工作勤奋努力，他的房子越来越大，土地也越来越多，但不管房有多大、地有多多，只要与人生气，他还是会绕着自己的房子和土地跑三圈。

哈远为何每次生气时都围着房子和土地跑三圈？所有认识他的人都有这个疑惑，但是不管大家怎么问，哈远都不愿意解释。直到哈远很老了，他的房和地也很大、很多了，但只要他一生气，还是会拄着拐杖费力地绕着土地和房子走，等他好不容易走完三圈，太阳都下山了。于是，他的孙子劝他："爷爷，您已经这么大年纪了，您不能再像从前那样，一生气就绕着房、地跑啊！您能告诉我吗，为什么您一生气就要绕着房、地跑上三圈？"

哈远于是说出了隐藏多年的秘密："年轻时，一和人吵架、生气，我就绕着房、地跑三圈，边跑边想，我的房子这么小、土地这么少，我哪有时间去跟人家生气，这样一想，气就消了，就把所有时间用来努力工作。"

"可是，爷爷，您现在已是附近最富有的人，为什么还要绕着房、地跑呢？"

哈远摸摸胡子，笑着说："我现在生气时绕着房、地走三圈，边走边想，我的房子这么大、土地这么多，那么我又何必跟人计较呢？一想到这，气就全消了。"

也许，人性大多是贪婪的，总想拥有所有的美好。但在人生的旅途中，人们的视野又是有限的。如果不肯放过眼前的一些景色，那就可能错过前方更迷人的风景。只有那些“智者”、那些“善于放弃”的人，才能欣赏到真正的美景。

对于美好的向往，人们一直在苦苦地追求，为了获得它，终日奔波忙碌。其实自己真正所需要的，往往要在经历许多事后才会明白，更有甚者，穷尽一生也不会明白。

过去是虚妄的，记住过去的痛苦只会加深我们现在的痛苦，而过去的幸福又会冲淡我们感受现实的心情。

一位年轻的小伙决心参禅悟道，因此向一位老前辈请教：“师父，我要怎样才能参禅悟道呢？”

这位老前辈看了看他，心想：“这么年轻的男孩子，尘世里的羁绊纷扰一定很多，如何能让他参禅悟道呢？”老前辈想了一想，便教了他一句偈语：“随他去，不管他，一切随风。”

“随他去，不管他，一切随风。”世间执著的人，有几个能达到这种境界？

如果无法做到一切随风，那就让往事随风，不去计较，不去追究，让过去的就过去吧。生活本身背负的东西已经够多了，人们大可不必动辄翻出一些泛黄的往事深情地缅怀。那些或喜或忧的往事真的没有必要再提、再想了，因为所有那些都与当下无关，反而可能会给当下增添困扰。

丽曾经有过一段难忘的初恋，当初他们海誓山盟，但是后来却分手了，所有的一切都在眼泪与心痛中模糊着。

丽失去了那个男孩，却精心保留着那本日记，因为那里面记下了她炽热美好的初恋。后来，丽结婚了，日记仍然保存着，但已很少去翻它。有一天，在整理书柜的时候，她翻开了那本沉睡已久的日记，依然有些感伤。后来她有事出去忘记收起，丈夫回来后发现了这本日记，并打开来看了，于是原本平静幸福的生活掀起了轩然大波。丽觉得丈夫太小气，是小题大做，那只是过去的一段情而已。

一天，在超市里闲逛时，丽无意中碰到了初恋情人，他正和妻子肩并肩，说说笑笑地从她身旁经过，根本没有看到她。

顿时，丽愣住了。她以为那场刻骨铭心的初恋会永远烙在彼此的心上，更会成为彼此之间的默契。直到此时她才明白，当过去的一切随风而逝时，每个人都会有自己新的生活，没有谁会去痛苦一辈子，而当下的生活才是最重要的。

想到这里，她整个人突然变得很轻松，突然好想回家。

记住那些该记住的，忘记那些该忘记的，改变那些能改变的，接受那些不能改变的。因为除了自己，有些事情我们无法控制。正如婴儿出生的时候，他哭着，周围的人笑着；老人逝去的时候，老人笑着，而周围的人哭着。世间一切都是轮回，我们都在轮回之中。

人生的前方是一片更为辽阔的天空，往事会叠加，会增加我们当下的痛苦，那就让往事随风吧，快乐就从现在开始。

第六章

舍得小我，得大我

你能听到心里那寂寞的嘶喊吗?

打开你的耳朵，打开你的心。

外面的世界更宽广，更精彩。

孤寂的白天鹅

世界上没有十全十美的人，有些人可能在文学上有所作为，有些人可能在学术上有所建树，还有些人可能在政治上闯出一片天地，但是即使在某些领域上有极高成就，并不代表这个人就是完美的人，也不代表他就有资格傲视群雄，俯瞰世界。

孔子曰“三人行必有我师”，就是说几个人在一起，其中必定有人可以作为我们的老师，我们有很多东西需要向别人学习。像孔子这样的圣人都能对人保持谦虚的态度，都能够不骄傲自满，何况我们这些普通人呢？

但是，在生活中总会有些人自我感觉良好，总是认为自己比别人强，在与人交流的时候态度孤傲、言语尖刻。试想一下，又有谁会喜欢和这样的人做朋友呢？这样的人又怎么会受欢迎呢？

春秋时期，有一位名臣叫晏子，他在当时的威望很高。他有一个车夫，那个车夫因为给一代名相晏子驾车感到非常自豪，久而久之滋生了骄傲自满的情绪，不把任何人放在眼里。渐渐地，车夫的朋友一个个地离他而去。

车夫的妻子知道丈夫的所作所为后，便对他说：“你把我休了吧，我跟你过不下去了。”

车夫非常诧异，不解地问妻子：“为什么？”

妻子说：“你看晏子，虽然身高不足六尺却做了宰相，在国家的威望那么高。人家有那么高的威望都没有那么高傲，而你一个车夫有什么可高傲的？你不把任何人放在眼里，你看看周围还有人愿意理你吗？我也不愿意跟你这样的人生活在一起了。”

听完妻子的话，车夫想起自己平时那副高高在上的样子，感到非常惭愧，于是改变了自己原来的样子。慢慢地，他的朋友多了起来，妻子也不嚷着要他休妻了，而是安心地和他在一起生活。

这位车夫越来越受人们的欢迎，后来晏子还推荐他为下大夫。

正是由于晏子的车夫开始不懂得谦虚，总是摆出一副高傲的姿态，不把任何人放在眼里，才会让周围的人觉得他很讨厌，结果朋友们都离他而去，到最后连他的妻子都要他休妻，这就是太过骄傲的结果。后来幸亏他悔悟得早，改了以前的坏习惯，慢慢地变得谦虚起来，才挽回了别人的心。

由此可见，孤傲的人往往让人厌恶，而谦虚的人让人尊敬。在现实生活中，无论我们拥有多高的成就，也无论我们拥有多高的威望，千万不要忘记谦虚，舍弃那些高傲的姿态，我们会更受欢迎，会有更多的人愿意和我们做朋友。

扁鹊，春秋战国时人，医术高超，还创造了望、闻、问、切的诊断方法，奠定了中医临床诊断和治疗方法的基础，在当时医学上的建树可谓是前无古人。

有一次，齐国的国君要封扁鹊为“天下第一神医”，扁鹊却坚决不受：“大王，我并不是天下第一。我还有两个哥哥，我们都是悬壶济世的医生，而且长兄最好，中兄次之，我最差。”

齐王闻之稍感不解，问道：“既然你两个哥哥的医术都在你之上，为何此二人名不见经传，而你最出名呢？”

扁鹊谦虚地回答道：“那是因为我长兄治病，是治于发作之前，在病人还不知道自己的病之前就已经把病根给除了，所以他的名声根本就无法传出去；而我的二哥治病，是治病于初起之时，大多数病人都认为他只能治一些小毛病，所以他的名气只是传遍了乡里；而我治病，是治于病危之时，一般人都会看到我把生命垂危的人挽救了回来，所以起死回生、妙手回春的名声就传遍了全国。”

齐王非常喜欢扁鹊的谦虚，于是颁下谕旨，扁鹊可以随意出入王宫陪王伴驾，而百姓也因扁鹊的谦虚而更加爱戴他。

扁鹊在医学界取得了非常显著的成就，但是他却谦虚谨慎，从不居功自傲，正是因为如此，才会让齐王对他更加欣赏，让他随意出入王宫，让他陪王伴驾，百姓也因而更加尊敬他，这就是谦虚的魅力。

在与人交往的过程中，要时刻记住，人外有人，天外有天。骄傲使人退步，谦虚使人进步，要时刻保持谦虚谨慎的作风。虚心向别人学习，谦虚对待别人，这样我们才会拥有更多的朋友，才会赢得更多人的尊重。

大写的人生

俗话说“人心不足蛇吞象”，人的内心深处总是处于不满足的状态，无休无止的欲望让人在人际交往的过程中总是想从别人身上获得更多的东西，为了满足自身的欲望，不停地索取，最后导致自己众叛亲离、一无所获。

星期天，一群人在河边钓鱼，岸边人一多，大鱼就不容易往岸边靠，因而多数人只能钓到一寸来长的小鱼。在钓鱼的人群中，有一位老人特别引人注目，他坐在钓竿旁悠闲地翻着一本书，偶尔才看一眼钓竿，然后继续慢悠悠地看书，不时地还念出几句。

可是，这位漫不经心的老人运气却是最好的，一个上午已经钓了三条两尺长的大鱼，更让人吃惊的是，他看到钓上来的那些大鱼，只是摇摇头，把鱼又重新扔回到河里。

有人忍不住上前问他："好不容易钓到大鱼，你为什么要放了它们？"

"要它们有什么用？我家里没有那么长的盘子，也没有那么大的锅。"老人说。

生活中的智者懂得，每个人拥有的东西，无论是有形的还是无形的，没有一样是属于自己的，那些财物均为身外之物。智者控制着自己的欲望，遇事想得开、放得下，所以他们活得轻松、过得自在。

在这一点上，世界首富比尔·盖茨做得非常好。

"我只是这笔财富的看管人，我需要找到最合适的方式来使用它。"这是盖茨对金钱最真实的看法。他经常告诉那些向他求经的朋友："如果你认为拥有更多的金钱便可享受到常人无法享受到的快乐，那你就错了。其实，每当一个人拥有的金钱超过一定数量时，它就只是一种数字化的财产标志而已，简直毫无意义。"

人要懂得知足，不要让贪婪的欲望蒙蔽了我们的双眼。知足地为人处世，你才会以更为洒脱的姿态去和人交往，才会有情趣去欣赏世界美好的一面，体会真正的快乐与幸福。如此，你就会发现自己拥有了更多。

一颗螺丝钉

有这么一类有着“英雄主义”情结的人，他们像狮子一样，能力超群，才华横溢，但他们干什么事情总是独来独往，不愿意和任何人合作，而且总是在人前摆出一副万事不求人的姿态。

的确，人人都想做顶天立地、万事不求人的大英雄，都想轰轰烈烈地大干一场，但这是一个合作的社会，没有人可以完全脱离别人而单独完成一项工作。能力再强的人，如果坚持单打独斗的话，只会让人觉得很难接近，敬而远之。

在茫茫的非洲丛林中，狮子号称丛林之王，因为它们样子凶猛、体格强壮且爆发力好，天生就是做猎手的好材料，几乎没有任何动物能成为其对手，所以它们肆无忌惮地在丛林里行走。

虽然狮子是天生的猎手，总能逮住猎物，可是它们却往往处于饥饿之中，因为它们捕猎的时候喜欢独来独往，不喜欢与同伴合作，所以每次捕猎归来的时候，总是被鬣狗把猎物抢走。

要是单打独斗的话，鬣狗根本就不是狮子的对手，可是鬣狗喜欢成群结队地出来活动，大的鬣狗群有数百只，小的也有几十只。它们很少自己猎食，总是等着丛林之王把猎物逮回来之后再集体出动，从狮子的嘴里抢食。

虽然单个的鬣狗狮子根本就不放在眼里，可是成群的鬣狗却让这位丛林之王望而止步。一番打斗后，它总是会败下阵来，最后只能捡一些鬣狗吃剩下的残羹冷炙来祭一祭自己的五脏庙。

在丛林中，狮子可以说是最强大的，可却总是遭到鬣狗的欺凌，把自己辛辛苦苦捕猎来的食物拱手让给鬣狗。这是为什么呢？不正是因为狮子喜欢单打独斗，而鬣狗喜欢与同伴团结合作吗？

随着社会分工越来越细，我们越来越需要与别人合作才能完成事情，这就更需要我们舍弃个人英雄主义，懂得与别人合作。实际上，与别人合作的过程，也就是不断结交朋友的过程。

俗话说，“众人拾柴火焰高”、“一个篱笆三个桩，一个好汉三个帮”……这些耳熟能详的俗语都在告诉我们：没有人可以完全脱离别人而存在，只有学会与他人合作，才能更好地完成想做的事情，达到“1+1 ＞ 2”的效果。

井深大刚加入索尼时，索尼老板盛田昭夫将他安排在最重要的岗位上，全权负责新产品的研发。井深大刚整天把自己关在办公室里，大量地阅读技术文件，制作图纸。尽管他很有能力，结果却不甚理想。

“这项工作绝不是靠一个人的力量就能做好的。”根据多年的工作经验，井深大刚得出了结论，“对了，我怎么光想自己？不是还有二十多个员工吗，为什么不融入这个集体，虚心向他们求教，为了公司和自己的前途跟他们一起奋斗呢？”

随后，井深大刚找到销售部的同事，请教公司产品销路不畅的原因。同事告诉他：“我们的磁带录音机之所以不好销，一是太笨重，二是价钱太贵。所以，新产品最好轻便、价格低廉。”井深大刚点头称是。

紧接着，井深大刚又来到技术部，同事告诉他：“目前美国已经开始采用先进的晶体管技术作为生产收音机的核心技术，这种新技术不仅可以极大地降低成本，而且可以让产品非常轻便耐用。我们建议您在这方面下功夫。”对此，井深大刚深受启发。

在研制新产品的过程中，井深大刚又与生产工人团结起来，精诚合作，终于一同攻克了一道道难关，试制成功日本最早的晶体管收音机，并一举成功！而井深大刚本人也在众人的一致好评中，被任命为索尼公司的副总裁。

井深大刚的成功故事让我们认识到一个真理：在经济全球化迅速发展的今天，无论我们有多大的能力，都不能怀着个人英雄

主义单打独斗，只有与人合作，才有可能使自身的利益最大化。

因此，在现实生活中，要想获得别人的认可和欢迎，要想取得一定成就，那么就赶快挥手告别你的个人英雄主义吧，及时地融入团队，开启“1+1 ＞ 2”的新世界！

自信最美

我们每一个人都会有不如别人的时候，或者会遇到各种各样的困境和挫折，有的人会因此掉入自卑的“漩涡”，固执地认为自己低人一等而萎靡不振，不懂得主动去与别人交往，这是交际场上的大忌。

大学入校后，学校开展了一次摸底考试，夏欣因为过于紧张，假期又疯玩了两个月，高中知识有些模糊不清了，所以成绩不是很好。“啊！我入校成绩不是班里第五名吗，现在怎么成二十三名了？”

老师公布成绩的时候，夏欣真想找个地缝钻进去，她觉得自己不如别的同学，因此封闭了自己的内心，不与其他同学交朋友。

更严重的是，她还开始自我质疑，自卑心理越来越重，显得越发不合群了。

经过几年的寒窗苦读，夏欣拿到了毕业证书。但是由于自卑心理，在大学的四年里她没有交到什么朋友。找工作时，自卑心理让她沉默寡言，不懂得如何和别人交流，因此始终找不到一份合适的工作。

好不容易进入了工作岗位，夏欣发现身边高学历的人非常多，她觉得自己学历低，是个处处不如别人的失败者，就更加沉默寡言了，很少和公司的人说话，整天愁眉不展、唉声叹气，没有一点自信劲儿。

在人与人交往的过程中，最忌讳的就是自卑。自卑不但会让自己无法主动去和别人交往，而且还会让别人产生反感，从而远离我们。试想，如果连自己都瞧不起自己，那么还会有谁瞧得起你呢?

上帝是公平的，其实每一个人都处于同一条起跑线上，这个世界上没有永远的成功者，谁都会遇到不如意、困境和挫折的时候，只是有些人能够摆脱自卑心理，跳出自卑漩涡，获得自信，信心满满、积极主动地去和别人交流，最终取得了成就。

马桦是一个命运多舛的女人，谁都不知道刚过而立之年的她曾历经了多少坎坎坷坷。然而，这个文静、清秀的女人却永远保持着自信的微笑，也找到了属于自己的幸福。

马桦出生于一个偏僻的山区，而且家境贫困，整日吃着玉米面粥，穿着补丁摞补丁的衣裳。但她从来不因此而自卑，总是微笑着与同学们一起学习、玩耍，她立志要靠自己改变命运，走出那片大山。

辛苦读书十几年，成绩优异的她终于考取了上海一所不错的大学。但是就在四处奔走凑齐学费的几天后，积劳成疾的父亲去世了。这个变故使得马桦不得不放弃了读大学的打算，她用瘦弱的身躯背起简单的行李，来到了上海，在非常偏僻的城边上租了一间矮矮的小平房，从此过上了一边自学一边打工的生活。

后来，马桦通过了某大学成人教育课程的毕业考试，她优秀的工作能力也获得了上司和同事的肯定，被提拔为小组组长。而且，她的坚强、自信吸引了一位非常优秀的男士，两人喜结连理。现在马桦生活得有声有色。

虽然马桦各方面的条件都不如别人，但是她没有因此而瞧不起自己，也没有掉入自卑的漩涡之中，而是积极主动地去与别人交流，正是她的这一份自信吸引来了更多朋友的好感和支持。

自信是一个良性循环。如果一个人总是能够跳出自卑的漩涡，时时表现出足够的自信，积极乐观地去与别人交往，那么别人就会认同他的自信和价值，从而积累起越来越多的资源！

你是璞玉

我们先来看一个故事。

在遥远的高山上，有一条小小的河流，它一直在寻找大海。经过了很多村庄与森林，越过了重重障碍之后，小河来到了一个沙漠。

当小河决定越过这个沙漠的时候，它发现它的河水渐渐消失在泥沙当中。它试了一次又一次，总是徒劳无功，于是颓丧地自言自语：“也许，这就是我的命运了，我永远也到不了传说中那个浩瀚的大海。”

这时候，沙漠发出一阵低沉的声音：“如果微风可以跨越我的话，那么小河流也是可以的。”

小河流很不服气地回答说：“那是因为微风可以飞过沙漠，可是我却不会飞，我是一步一步走过来的。”

“如果你坚持你原来的样子，那将永远都无法跨越我。”沙漠用它低沉的声音说。

“那我应该怎么办呢？”小河流问道。

沙漠严肃地说：“小河流，只要你愿意舍弃你现在的样子，让自己蒸发到微风中，微风就会带着你飞过我，到达你的目的地。”

“舍弃我现在的样子，然后消失在微风中？不！不！那不等于是自我毁灭了吗？”小河流无法接受这样的概念，毕竟它从未有过这样的经验。

“微风可以把你的水汽包含在它之中，然后飘过沙漠，到了适当的地点，它就会把这些水汽释放出来，于是你就变成了雨水，又会形成河流，继续向前进。”沙漠很有耐心地回答。

“这是真的？那我还是原来的河流吗？”小河流问。

沙漠回答：“不管你是一条河流或是成为看不见的水蒸气，你内在的本质从来都不会改变。”

于是，小河流鼓起勇气，投入到了微风张开的双臂，消失在微风之中。在微风的带领下，小河流越过了沙漠，然后变成雨水，融汇成河水……奔向它生命中永恒的归宿。

这个故事说明了什么呢？相信你已经心中有数了。

竞争是激烈的，现实是客观存在的，对于这些外在的条件，我们真的很难改变。要想不被淘汰，长期地存活下去，就需要有改变自己的勇气，只有暂时舍弃自我、改变自己，才有可能迎来新的惊喜。

比如，每一个公司都有自己的规章制度，老板只有一个，员工却有几十个，甚至几百个、几千个，而每个人的工作方法都不相同，若要老板来适应员工是不太现实的，所以员工应该去适应公司的规章制度。

改变不了环境，也不肯改变自己的人，势必会与周围的环境、周围的人出现格格不入的情况，如此又怎能赢得别人的好感和认可，创造一个友好的人际关系呢？结果恐怕是会把自己推入一个窘迫的境地。

晓芸是一个性格比较内向的女孩，大学毕业后，她希望找一个文员、文秘之类的内勤工作。晓芸长相甜美、彬彬有礼，面试时的表现非常好，总经理很满意，将她聘为自己的助理。

对于毕业生而言，在一家市重点企业做经理助理是一项人人艳羡的工作，但晓芸没上几天班就想辞职了。因为她发现公司同事之间你争我抢，竞争非常激烈，她非常怀念大学时代那种单纯的人际关系，对同事们总是敬而远之。

在同事们看来，晓芸总是一副居高临下的姿态。他们心里很不平，因此私底下经常聚在一起抱怨："她不就是一个新人嘛，才刚来几天啊，就想在我们头上作威作福。""她一个刚毕业的小丫头居然一来公司就当上了经理助理，你们说她会不会是走关系进来的？"

这些话传到晓芸耳朵里，她气愤地告诉了总经理。

总经理说："晓芸啊，你各方面的能力还是不错的，这正是我当初聘用你的原因。但是，你平时怎么不爱和同事们多沟通呢？要知道，你在公司是上传下达的关键，不沟通哪成啊，这会造成员工之间误会的。"

晓芸也不绕弯子，和盘托出："因为咱们公司是按照业绩给薪水的，我觉得同事之间经常为了一个单子你争我抢的，我不喜欢这种关系。我更喜欢在学校的时候，你让着我、我让着你的关系。"

总经理说："现在整个社会竞争激烈，每个公司都在你追我赶，同事之间存在竞争关系也是很正常的。你是经理助理，和他们不存在多大的竞争关系，但是也要做好平时的沟通工作，比如和他们打打招呼、一起吃吃饭等。"

晓芸没有一点回旋余地地说："那也不行。"

总经理说："这是你分内的事情，你不做，我要你来做什么？"

晓芸说："我不会改变自己。如果你接受不了，我只好辞职。"

本来总经理打算原谅晓芸这一次，可见她这么说也就无话可说了，只得和晓芸终止了劳务合同。

从踏上工作岗位的那一刻起，晓芸就已经不是学生了，不可能要求公司按照校园的方式来发展。但是她却不肯改变自己，不能快速做到角色转换，太过于学生气，对一些自己看不惯的事无法接受，结果失去了很好的工作。

学着舍弃自己原来的样子吧，这样你才能迎来一个全新的自己，才能获得新的惊喜，即使这是一个非常痛苦的过程。

舍弃自己原来的样子，不是让自己适应所有的事情，随波逐流；舍弃自己原来的样子，不是舍弃自己的原则；舍弃自己原来的样子，不是妥协，而是让自己有更好的平台、更多的机会来实现自己的理想。

舍弃原来的样子，你会发现路还是原来的路，境遇还是原来的境遇，但路和境遇所给予我们的感受已截然不同，我们的选择也变得多样而灵活起来了，有一种“柳暗花明又一村”的惊喜感。

达尔文说“适者生存”，一旦发现自己和周围的世界格格不入的时候，为了以后有更好的发展，不要固守着自己原来的样子，学着舍弃吧。记住这句话：如果你改变不了环境，就改变你自己！

放飞

在现实生活中，你是否总在抱怨自己怀才不遇，抱怨自己不被别人接受和认可呢？如果是，那么你有没有想过这一切不幸是

因为你被一种常规的思维习惯束缚了心智，偏执地认为经验不会犯错，习惯按照经验为人处世呢？

某著名跨国公司刊登了一条招聘营销经理的信息，待遇高、发展好，众多求职者很感兴趣，纷纷前来应聘。经过一轮激烈的初试之后，只剩下三名应聘者，可是公司只能录取一个。

思考了一段时间后，负责招聘工作的负责人说："为了能选拔出高素质的营销人员，我们出一道实践性的试题，以七日为期，向周围山上庙里的和尚推销木梳。"

面对这样的试题，三位候选者甲、乙、丙感到困惑不解："和尚无发，买梳何用？"但是他们都没有放弃这次应聘机会，便带着梳子上路了。

七日期到，三个人都回来了。

经理问甲："你卖出多少梳子，是怎么卖出去的？"

甲有些失望地回答说："我只卖出一把。我去寺庙里推销梳子，那些和尚以为我是羞辱他们，便生气地把我赶了出来。在下山途中，我看到一个小和尚在挠头，赶忙递上了木梳，小和尚用后便买下一把。"

经理没有说话，又问乙："你卖出多少梳子？"

乙有些得意地回答："我卖了五把。"

经理嘴角弯了一下，问道："为何能卖出五把梳子给和尚呢？"

乙解释说："我去了一座名山古寺。由于山高风大，进香者的头发都被吹乱了。于是，我找到了寺院的住持，对他说蓬头垢面是对佛的不敬，应在每座庙的香案前放把木梳，供善男信女梳理鬓发。住持采纳了我的建议，那山共有五座庙，于是卖出了五把木梳。"

经理又问丙："那么，你卖了多少梳子？"

丙淡淡地回答："五百把。"

经理惊问："怎么卖的？"

看着经理和甲、乙惊讶的表情，丙慢慢道来："我来到一个颇具盛名、香火极旺的深山宝刹，朝圣者如云，香客络绎不绝。我对住持说凡来进香朝拜者都有一颗虔诚之心，不如赠送木梳，意为理清世间纷乱。住持大喜，立即买下五百把木梳。"

经理听完，不禁拍手叫好，当场和丙签下了就业合同书。

和尚没有头发，哪会需要梳子呢？根据这样的固有经验，相信很多人都会作出这样的判断，因此甲、乙两人很难卖出梳子。可是丙不一样，他没有被这样的旧经验束缚，而是另辟蹊径，想出了一个寺庙赠送梳子的办法，问题得到了很好的解决，他也因此获得众人的钦佩和欣赏。

进一步说，人们所谓的经验就是真理吗？就是不可改变的吗？显然不是。人类发展到现阶段，在几千年的历史中，有太多的谎言被揭穿，有太多的谬论被指正，所以舍弃经验的束缚是必要，也是必需的。

世界上生产的第一台电扇是黑色的，之后代代相袭形成了一种惯例，人们的大脑中也就形成电扇是黑色的这一概念。1952年，日本东芝电器公司积压了大量的电扇销售不出去，公司高层为了打开销路想尽一切办法，可惜进展仍然不大。

这时，一个最基层的小职员也在绞尽脑汁地想办法。一天下班回家时，他看到街道上有很多小孩拿着五颜六色的小风车在玩，就向董事长石坂先生提出了自己的创意："美丽的色彩转起来一定很美妙。"

石坂先生很重视这位小职员的建议，还特别召开了董事会，最后经过研究公司采纳了这个建议，组建了专门的研究小组，并发明了一系列彩色电扇，将单调乏味的黑色电扇取而代之。

第二年，东芝公司的这批彩色电扇一经推出立刻在市场上掀起了一阵抢购热潮，几个月之内就卖出了几十万台，东芝公司也一下子摆脱了困境，效益更是成倍增长，名声大振。当然，该职员也得到了层层提拔，还拥有了公司的股份。

在别人眼里，电扇就是黑色的，但该职员没有被这种经验束缚，另辟蹊径，想着电扇是不是也可以换成彩色的，这正是他成功的原因。试想，如果他人云亦云，继续坚持着以前的经验，恐怕永远也成不了大气候。

约翰·洛克菲勒是美孚石油公司的创办人，是一位有名的亿万富翁，他曾这样说过：“如果你想成功，你应该辟出新路，而不要沿着过去的老路走；如果想让我们的好运连连，我们必须要去开创新事业……”

舍弃原有的经验，不被经验束缚，我们才可能想他人之所未想，做他人之所未做，“原创”自己的人生。这一点，不是谁都能够做到的。如果你做到了，你就获得了与众不同的能力，同时将获得更多人的欣赏，成功也就不会是一件难事。

第七章

舍得宽恕，得善待

在人生舞台上，做个厚道的人，宽恕遇到的不幸。

懂得宽恕他人的人，

才懂得如何善待自己的人生。

水的修养

世界上没有两片相同的树叶，每个人都是独立的个体，正是因为如此，每个人的思维也不尽相同。在与人交往的时候，遇到别人和我们意见不同的情况是很正常的，争执也难免会时有发生。

其实适当的争论能够让我们弄清事实的真相，这是积极的一面。但是，能够在争论中保持情绪平稳的人却是少之又少。在争论的时候，绝大多数人不免心态失衡，要与对方争得“天昏地暗、面红耳赤”，非要把别人批判得一无是处，不把对方说得哑口无言、低头认输绝不罢休。

这样的人，何曾懂得“舍得”二字？表面上看，他们言语犀利、能说会道，的确得到了胜利，让所有的对手望风而逃；但事实上，他们没有得到一点好处，是大大的失败者。因为他们与别人争论的时候，心态自然波动异常，心里充满了愤恨，会终日生活在急躁焦虑之中。

而且，在不断升级的话语中，人们往往容易失去良好的自控能力，在不自知的情况下，态度渐趋蛮横，话语逐渐伤人，很容易去挑战对方的心理防线，从而让对方感到你的敌意，伤害了对方的感情，导致双方都不冷静，无形之中就会给自己埋下祸根！

正如英国的一句谚语："无谓的争论就像家鸽，它们飞出去后还会飞回来。如果你我明天要造成一种历经数十年直到死亡才消失的反感，只要轻轻吐出一句恶毒的评语就够了。"在这一点上，成功学大师卡耐基也曾吃过大亏。

第二次世界大战刚刚结束，英国举办了一场宴会，为一位战争英雄授予爵士勋章。宴席期间，一位声名显赫的先生讲了一段幽默的故事，并引用了一句话，大意是"谋事在人，成事在天"。那位健谈的先生随后又补充说，他所征引的那句话出自《圣经》。

当时戴尔·卡耐基也被邀请参加宴会。听到这位先生如此说，卡耐基笑了起来，因为他知道，这位先生说错了，那句话出自莎士比亚的剧本，而且他清楚地知道出自哪一幕的哪一场。

卡耐基按捺不住自己的表现欲望，当场纠正了那位先生。那位先生立刻反唇相讥："什么？出自莎士比亚？不可能！绝对不可能！那句话就是出自《圣经》。"

卡耐基有些不屑地说："如果你不相信，可以问问坐在我旁边的这位先生，他是我的朋友法兰克·葛孟，他研究莎士比亚的著作已有多年。"

谁知，葛孟并没有站起来，而是在桌子下踢了卡耐基一脚，低声说：“你错了，这位先生是对的，这句话的确出自《圣经》。”

卡耐基茫然地看着葛孟，不知道他为什么要这样做。宴会结束后，卡耐基私下里问葛孟：“法兰克，你明明知道那句话出自莎士比亚，你为什么要撒谎？”

葛孟回答：“没错，我当然知道，那句话出自《哈姆雷特》第五幕第二场。可是亲爱的戴尔，我们是宴会上的客人，为什么要证明他错了？那样会使他喜欢你吗？为什么不保留他的颜面？他并没问你的意见啊，他也并不需要你的意见。为什么要跟他抬杠？要记住，永远避免跟人家争吵。”

卡耐基一听，顿时愣住了。他这才意识到，为什么后来那位先生几乎不跟自己说话，甚至许多人也都对他投来了异样的眼光！

这件事给了卡耐基一个教训，让他发出了这样的感慨：“不要与别人做无谓的争论，你赢不了争论。要是输了，当然你就输了；如果占了上风，获得了胜利，你还是输了，因为这证明了你并不是一个会做人的人。”

毕竟生活中的相处并不是辩论赛，赢了往往什么也得不到，除了平添他人的恼怒、内心的怨恨之外什么也得不到。那些不愿意放弃争论的人，不仅自己的心里不痛快，就连别人也不愿意与之交往，遭人冷落，受人排挤。丢掉了内心的和谐，失去了原本的友谊，最终倒霉的只会是自己，而不是别人！

卡耐基这位大师尚且如此，更何况我们普通人呢？如果你是那种头脑灵活、善于争辩、口才出众的人，如果你是遇到别人与自己意见不统一时就忍不住要发挥自身特长、把对方卷入争辩中的人，那么从现在开始舍弃那些无谓的争论吧！

人与人之间必然是有分歧的，没有分歧就没有解决问题的最佳办法，既然争吵不可避免，如何才能舍弃争吵的习惯呢？在这里，提供给你一些简单的方法，尽情展现你的修养吧！

无论遭遇了多么不公的事情，你可以直抒胸臆，但千万不要感情用事，采用激烈的言辞，甚至过火的态度。不妨先冷静下来，想一想，冲动是魔鬼，凭借着一时的冲动与别人争吵是否值得。这样，你的情绪很快就会得到转移。

待情绪稳定一点后，心平气和地说出自己的想法，最好能够以“我不确定自己的想法是否正确，我是这样想的……”“如果我的想法有错，请你指出来”等方式开始，这样对方就能心平气和地听取你的想法，不知不觉地接受你的意见。

日常生活中，你更应时时告诉自己：一个问题没有绝对的对错之分，与人发生分歧时，找出双方一致的地方，并强调对方的优点，先肯定对方，对方也就会对你的某些意见表示让步，大多时候争论就不会发生了。比如，你可以婉转地说“关于这一点，我同意你的意见，不过除此之外，不是还有这样的方法吗”，或者“嗯……你说的不无道理。不过，采取我的方法，不是更好一些吗？”

掌握了以上方法后，你就能够舍弃无意义的争论，并且不露痕迹地将自己的想法输入对方的潜意识里，使自己的观点得到认可。你会发现，自己将更受人们的欢迎，人际之路将走得更通畅！

情绪的乌云

人们常说：“人在江湖，身不由己。”在与别人交往的过程中，难免会有摩擦和矛盾，有时会让我们很懊恼，也会让我们很气愤。这时候我们可以选择让别人耿耿于怀、怒发冲冠、一筹莫展，也可以选择忍一时之气，以退为进。

要是换做你，你会如何选择呢？

事实上，每个人在与别人交往的时候，都希望别人能给自己带来快乐，都希望自己能从对方身上获得积极向上的东西。如果我们总是一副怒发冲冠的样子，那么别人还会愿意和我们交往吗？他们还会留在我们身边吗？

要知道，情绪就像传染病一样，随时有可能传染到别人身上。如果我们不能控制自己的坏情绪，情绪就会通过姿态、表情、语言传达给周围的人，在不知不觉中感染对方，影响对方的情绪，伤害到我们身边的人，最终导致自己众叛亲离。

唐僧师徒四人一路西行，来到了玉华州，突然看到一群官兵在街上大喊："过往行人听着，路过僧人不准经过玉华州，城里僧人迅速离城，如若不然，三日之内将城内所有的和尚赶出玉华州。如有收容僧人的，就地正法。"

正要经过玉华州的唐僧听说玉华州不允许有僧人，这下可犯难了，他对孙悟空说："悟空，这可如何是好啊？"孙悟空说："这好办，我们弄套衣服乔装打扮一下。"于是，他们师徒四人乔装成过路的客商去玉华州投宿。

在客店孙悟空问老板娘为什么玉华州要驱赶和尚，那个老板娘说："我听说，国王在一天夜里做了一个奇怪的梦，梦见自己的国家被和尚夺走了，自己的王后也被和尚掳走了，成了那个和尚的王后。因此，国王一觉醒来就下令驱赶所有的和尚。"

于是，夜里孙悟空作法，剃去了国王和王后以及所有王公大臣的头发，一夜之间满朝文武全都变成了和尚。后来几个王子巡察旅店的时候，把唐僧师徒四人带进了王宫。孙悟空在玉华州的王宫中，让玉华州的皇帝和王公大臣吃尽了苦头之后，他们才恢复原身。孙悟空大喊：“好一个荒唐的国王，做了一个荒唐的梦，又作出如此荒唐的事。”在玉华州的国王认了错，又下令召回被驱赶的和尚之后，孙悟空才把头发还给他们。

就像玉华州的国王一样，仅仅因为一个荒唐的梦就大发雷霆之怒，把自己的坏情绪都施加在别人身上，作出如此荒唐的事情，弄得全国上下提心吊胆、人心惶惶，这样的皇帝又怎么能够赢得子民们的尊重和爱戴呢？

也许你会说：“在朋友面前，就要展示真实的自我，就不应该遮遮掩掩，我不高兴就是不高兴了，我就是一副闷闷不乐的样子，谁让他们惹我生气的？”也许有时候，朋友在有意或者无意间惹到我们了，但并不代表朋友就是我们的“出气筒”。正所谓：“己所不欲，勿施于人。”

忍一时风平浪静，退一步海阔天空，不要因为朋友之间的一点摩擦和矛盾就耿耿于怀、大动干戈。朋友之间，吵架拌嘴是常有的事，过去了，应该就什么事情都没有了，又何必让自己成为坏情绪的传播者呢？

李斯特是著名的匈牙利作曲家、钢琴家、指挥家，伟大的浪漫主义大师，是浪漫主义前期最杰出的代表人物之一。有一次，他看到一个不是他学生的姑娘在演唱会的宣传海报上自称是他的学生，他并没有为难她，而是在演出的前一天出现在姑娘面前。姑娘惊恐万状，抽泣着说，冒称是出于生计，并请求宽恕。李斯特要她把演奏的曲子弹给他听，并加以指点，最后爽快地说："大胆地上台演奏吧，你现在已是我的学生。你可以向剧场经理宣布，晚会最后一个节目，由老师为学生演奏。"李斯特在音乐会上弹了最后一曲。

李斯特在发现姑娘冒充是自己的学生后并没有生气，更没有为难她，而是在演出前给出了宝贵的指点，破例收其为徒，也正是其宽广的胸怀成就了他的一生。

在生活中，我们要懂得"舍得"二字，懂得放弃那些坏的情绪，不要把自己的坏情绪施加给别人，不要因为自己的坏情绪而赶走你身边的人。

爱的态度

有一首曾经很流行的《莫生气歌》："人生像是一场戏，因为有缘才相聚。相遇相知不容易，是否更该去珍惜。为了小事发脾气，回头想来又何必，别人生气我不气，气出病来无人替。我若气坏谁如意，而且伤神又费力。”

其实，人生就像歌里唱的一样，大家都是因为有缘才相聚在一起，更应该加倍珍惜缘分，没有必要因为一点小事而大动肝火，气出病来只能自己忍受着，没有任何人能够代替自己受罪。而且，生气的时候，还会伤害到自己和别人的感情，让自己苦心经营的人际关系因为乱发脾气而越弄越糟。

从前，有一个名叫乔治的小男孩，他的脾气很暴躁，只要有一点不如意，就会对父母发脾气，或者对身边的朋友动怒，小伙伴们谁都不喜欢和他一起玩。他的父母也因为他的坏脾气，不知道该如何管教自己的儿子。

有一天，父亲灵机一动，终于想到了教育自己儿子的方法。他把乔治叫过来对他说：“孩子，从今天开始，每当你生气的时候，就在外面的篱笆上钉一颗钉子，这样会比你向别人发脾气觉得更舒服。”

一开始，乔治不明白爸爸的用意，他心想：“爸爸为什么要让我这么做呢？钉钉子真的可以让自己不生气吗？”在好奇心的驱使下，他决定按照爸爸的说法去做，看看爸爸说的到底是不是真的。

于是，每当他因为一些小事生气或者想向别人发脾气时，乔治总是忍住，然后在自家篱笆上狠狠地钉进去一颗钉子。奇怪的是，真的很神奇，每次把钉子钉进去之后他就不觉得那么生气了。

慢慢地，乔治生气的次数越来越少，脾气变得越来越好了，但是当他生气的时候，他依然坚持往篱笆上钉钉子。

父亲看到乔治的脾气改变了非常高兴，一天把乔治叫到身边说："亲爱的儿子，你现在还为那些被你钉上篱笆的事情而生气吗？"

乔治说："不生气了，我现在都忘记自己当时为什么生气了。"

随后，父亲带着乔治来到他钉钉子的篱笆跟前，让他把篱笆上的钉子取下来。乔治费了九牛二虎之力才把那些钉子全取下来。

这时候，爸爸对他说："你看篱笆上的那些洞，每当你向别人发脾气的时候，就像在别人的心里钉上一颗钉子。现在虽然钉子拔出来了，但是被钉子钉的洞仍然留在篱笆上，同时那种伤痛也留在别人的心里，你明白吗？"

乔治惭愧地点了点头。从那以后，他的脾气越来越好，再也不随便向别人发脾气了。

就像乔治的父亲所说的那样，每当我们因为一些小事怒上心头，向别人发脾气的时候，就像在别人的心上钉钉子，会在别人的心上留下永远抹不掉的伤痛，自然就会失去很多珍贵的友谊。

既然如此，碰上不愉快的事情时，我们就要学会控制自己的情绪，先对自己说："小事一桩，何必怒上心头。"给自己消消气，这样既能让自己身心健康，又不至于让心中的怒火烧伤周围那些亲近你的人，最终才能维护好自己和别人的关系。

苏格拉底的妻子脾气非常不好，是一个有名的悍妇。她常常对苏格拉底疾言厉色，但是他从来都不对妻子发火。

一天，妻子又因为一件小事而大动肝火，把苏格拉底痛骂了一顿。她还觉得不解气，于是又提了一桶水，从苏格拉底的头上倒下去，苏格拉底全身都湿透了。

朋友们都以为苏格拉底肯定会大发雷霆，但出乎意料的是，苏格拉底并没有生气，而是笑着说："我就知道，打雷过后，肯定会有一场大雨的。"结果，妻子也忍不住笑了起来，一场大战就这样避免了。

俗话说："夫妻吵架不记仇，半夜三更睡一头。"苏格拉底就是本着这个原则才会幸福地生活着。他没有因为妻子的无理取闹而大发雷霆，因为他知道这只不过是小事一桩，没有必要怒上心头。

做人就应该像苏格拉底那样，才会有和谐的人际关系。遇事不要生气，以幽默来化解别人的怒火，化解与别人的矛盾，这样既能让自己幸福地生活，又能让朋友不因自己的怒火而伤害到他们，才会让朋友留在自己的身边。

遇到不如意、不愉快的事情时，不妨学着冷静一点，告诉自己：“这只是一件鸡毛蒜皮的小事，根本就不值得我们去发火，又何必因为这些微不足道的小事而怒上心头呢？”坚持这样做下去，你会发现真的没有什么可气的！

冷智慧，热心肠

在为人处世时，如果我们不够冷静，经常被怒气冲昏头脑的话，就会得不偿失。试想，如果有个人一遇到事情就不冷静、怒气冲天，只想着怀疑别人，恶语中伤别人，那么你会愿意和这样的人交往吗？

李东、刘一帆、胡刚是发小，他们的友谊非常深厚。有一天，李东遇到了胡刚，两人见面非常高兴，于是他们走进一家餐馆，打算喝点酒，唠唠家常。

李东刚坐下就说：“刘一帆这人太不够意思了，我这回可领教了。你说人怎么都这么自私呢？算了，不提了，我再也不想见到他了。”

胡刚很不解，问：“发生什么事了，让你这么恨他？”

李东气愤地说：“前一阵子，我们合伙开了家商店，我出钱，让他帮我经营，可是都好长时间了，一分钱都没收回来。我一问，他居然拿现在生意不好做的理由来敷衍我。可他自己的小日子过得却好得很呢，整天吃喝玩乐的，前两天我还看到他和别人去一家高级酒楼吃饭呢。”

胡刚说：“不会吧，刘一帆不是那种人啊，其中肯定有什么缘由吧。”

李东正在气头上，哪能听进去胡刚的话，甚至还把怒气发到了胡刚的身上：“你怎么就敢肯定他不是那样的人，你是来替他说好话的吗？你俩不会是串通好的吧？好吧，好吧，你俩关系最好，我是外人。”

一听这话，胡刚也很生气，说了一句“不可理喻”就拂袖而去了。

过了几天，李东主动邀请胡刚吃饭。刚落座，李东就说：“上次的事情真是对不起啊，我是来向你道歉的，哪天叫上刘一帆，咱们哥仨再好好聚聚。”

胡刚说：“我倒是没有关系，你不说再也不想见刘一帆了吗？”

李东惭愧地说：“误会误会。刘一帆已经跟我说了，那天他去高级酒楼吃饭是为了陪一个客户，他知道我胃不好就没有叫我。

这不，他刚刚拿下了这笔单子，这可是一个大客户啊。刘一帆真够意思，还和我五五分成。”

正是因为遇事不冷静，让怒火冲昏了头脑，李东才到处去说自己好朋友的不是。幸好朋友及时解释，又宽宏大量，否则，等事情越闹越大后再想弥补，那还有什么用呢？这样不仅解决不了问题，反倒伤害了朋友之间的和气。

在人际交往过程中，面对他人，少一些怒气，多一些笑脸，少一些猜忌，多一分冷静，这样才不会被那些怒气所左右而冲昏头脑，也才不会因为这些不愉快的事情而失去朋友。

善待

正如康德所说：“生气是拿别人的错误惩罚自己。”人的生命是有限的，在有限的时光里，我们没有必要对别人吹毛求疵，把宝贵的生命浪费在对别人的埋怨和痛恨中。

人非圣贤，孰能无过。在生活中，别人难免会因为一时的大意而伤害到我们，我们要学会忘记他人的错误，不拿别人的错误

惩罚自己，好好完善自己，修身养性，这样才不至于将自己囚禁在痛苦的深渊中。

小米是一个小学生，曾经有一段时间，他的妈妈发现他总是闷闷不乐的，于是就问他："是不是和同学吵架了？别人欺负你了吗？"

小米点了点头说："在我们班我有一个非常要好的朋友，前几天他的铅笔盒坏了，他非说是我弄坏的，还让我赔他。实际上根本就不是我弄的，我已经跟他说过好多次了，可他就是不相信，后来事情水落石出了，是别人不小心弄坏了他的铅笔盒。您说我们曾经是那么要好的朋友，他为什么就不相信我呢？我现在一点都不喜欢他了，再也不想和他做朋友了。"

妈妈说："没错，他冤枉了你，是他错了，可是每个人都有可能犯错，你不能总拿别人的错误惩罚自己啊，因为他无意中伤害到你，你就不和他做朋友了，那值得吗？爸爸妈妈有时候也犯错，难道你也不要爸爸妈妈了吗？你也有可能会犯错，如果你犯错了别人也不原谅你，你会怎么想呢？相反，如果你能原谅他，继续和他做朋友，那么你们以后的感情会更好。"

小米点了点头，听从妈妈的话，原谅了他的朋友，朋友非常感动，不仅主动向他道歉，还给他买了好多礼物。小米十分高兴，而且和他朋友的感情比以前更好了。

正是因为小米听从了妈妈的劝告，没有因为朋友的过错而耿耿于怀，相反，他选择原谅了朋友，到最后不仅没有失去他们的友谊，与朋友的感情反而比以前更加深厚了。

因为别人的错误耿耿于怀，就等于是拿别人的错误来惩罚无辜的自己，是最愚蠢的行为，因为这既不会让自己好受，也伤害了别人。遇到这种事，不妨一笑而过，这样我们就会有一个良好的交际氛围。

一位八十六岁高龄的老太太，她的一生都非常幸福，不仅身体硬朗，心情舒畅，还有一大群好朋友，周围的人都喜欢和她在一起。这引起了某电视台一位记者的注意，他决定采访一下这位老太太。

“你为什么这么幸福，有这么多朋友呢？”记者问。

老太太呵呵一笑，回答道：“其实拥有一个幸福的人生和良好的人际关系很简单。第一，不要拿自己的错误惩罚自己；第二，不要拿自己的错误惩罚别人；第三，不要拿别人的错误惩罚自己。”

接着，老太太又补充道：“做到这三条，你的人生就不会太累，你的朋友也不会离你而去。”她边说边晃着身体，脸上洋溢着返老还童般的天真和历经沧桑的从容。一下子，记者也觉得自己喜欢上了这位老太太。

用自己的错误惩罚他人，朋友会离自己远去；拿自己的错误惩罚自己，就会把自己封闭起来看不到阳光，感受不到别人的温暖；拿别人的错误惩罚自己，就会痛恨别人，让别人因为你的痛恨离你而去。

生活如此美好，我们应该将有限的生命全部用在享受生活上，而不是抓住别人的错误不放手，这样既伤害了别人的感情，也增加了自身的痛苦，又何必呢？

在现实的交往过程中，我们要明白“舍得”二字，不要拿别人的错误来惩罚自己，也不要拿别人的错误惩罚别人。学着原谅别人的错误，放过别人的错误，那么我们的人际关系必将是愉快和谐的。

笑一笑

每个人都是一个独立的个体，不可能每个人的想法都与自己一样，也许有时别人的做法让自己很不解、很生气，你可以选择义正词严地将别人数落一番，也可以选择暂时忍耐，给别人留点尊严也给自己留点尊严，何必贪图一时的痛快而向别人发泄自己的怒气呢？

要知道，怒气无法解决任何问题，只会伤害别人的感情，使别人对你敬而远之，或者嗤之以鼻；一时发泄的痛快也不能给你带来快乐，只会让事情越变越糟，你的内心也将受到痛苦的折磨。

既然生气不能解决任何问题，还会将事情搞得越来越糟，那么何必执着于动气呢？学着舍弃怒气吧！退让一点，忍耐一点，要知道人生最厉害的不是争一口气，而是咽下这口气。

有一天，袁尚正要出商场大门，不料，迎面撞到一位长相彪悍的中年男人。只听“嘭”的一声，眼镜戳青了袁尚的眼皮，然后跌落地上，镜片摔得粉碎。此时，那男人毫无愧疚之色，反而理直气壮地说：“谁叫你戴眼镜的？”

袁尚心想：“跟他生气也没有用，不如不生气。”于是便微微一笑。

男人见袁尚以微笑回报他的无理，颇觉讶异地问：“喂！你为什么不生气？”

袁尚回答道：“为什么一定要生气呢？生气既不能使破碎的眼镜重新复原，又不能使脸上的瘀青立刻消失，苦痛解除。再说，生气只会扩大事态。如果我生气，对您破口大骂，或是打斗动粗，甚至伤害了身体，仍然不能把事情化解，反而会越搞越糟，所以还不如不生气。”

听了袁尚的话之后，男人十分感慨，主动提出要帮袁尚做一副新眼镜。不打不成交，最后两人成为好朋友。

只有懂得“舍得”二字，在为人处世中放下心中的执着，放下对别人错误的惩罚，这样我们才能获得更多朋友的支持和喜欢，拥有和谐的人际关系，进而拥有更加广阔的天空。

总之，在为人处世的时候，过分执着于生气只会伤害别人，影响自己和别人的感情。

潇洒的心

面对别人的攻击时，我们不免会情绪急躁、大动肝火，有时甚至会与别人争得面红耳赤，非要与对方一较高下，让对方见识一下自己的厉害才肯善罢甘休。可结果往往是两败俱伤，让两个人都没有好心情，还会让彼此之间的感情更加恶化，这又何必呢?

既然怀着生气的情绪，不但无法有效沟通，也不能化解与别人的矛盾，结果反而会加剧冲突，那么当我们受到别人言语或行动上的攻击时，不妨学着冷静一下，莫生气，或许对方会与你冰释前嫌，从敌对的立场变成朋友。

这里有一个经典的例子，不妨来分享一下。

欧玛尔，英国历史上唯一名留至今的剑手，他有唯独属于自己的取胜秘诀。

曾经，有个与欧玛尔势均力敌的敌手，他与欧玛尔斗了三十年，仍然不分胜负。在一次决斗中，那位敌手从马上摔了下来。欧玛尔持剑跳到他身上，一秒钟内就可以杀死他，但欧玛尔没有动手。此时他的对手却做了一件出人意料的事——向欧玛尔的脸上吐了一口唾沫。

欧玛尔停住了，对敌手说：“我们明天再打！”

敌手有点糊涂了。

欧玛尔说：“三十年来我一直在修炼自己，让自己不带一点儿怒气作战，所以我才能常胜不败。刚才你向我吐口水的瞬间我动了怒气，如果此时我杀死你，我就再也找不到胜利的感觉了。所以，我们只能明天重新开始。”

不过，这场争斗永远也不会开始了，因为那个敌手已经拜欧玛尔为师了。

敌手之所以能够与欧玛尔冰释前嫌、化敌为友，是因为欧玛尔面对他无理的举止，并没有愤怒地与他针锋相对，也没有利用自己当前的优势置对手于死地，而是心平气和地约定明天再战，这是敌手不曾具备的气概。他被欧玛尔的气魄所折服。不带一点儿怒气作战，这也是欧玛尔取胜的秘诀。

当被人误解，或者遭遇到不公正待遇的时候，我们原来的心理平衡会被打破，此时与其情绪激动地与人争斗、反唇相讥，还不如学会控制自己的情绪，先让自己保持冷静，释怀心里的“风暴”。

释怀心里的“风暴”，怀着“有话要好好说，万事好商量”的心态，用柔情来改变对方强硬的态度，你会发现，别人强硬的态度在你的柔声细语之中是毫无用武之地的。这样，既让彼此都有好的情绪，也能够拉近彼此的关系。

面对别人无理的攻击，要学会释怀心里的“风暴”，除了以柔克刚之外，嫣然一笑也是不错的方法。嫣然一笑，视若不见，充耳不闻，让人家去说，仍走自己的路，使这种攻击行为伤害不到你，拖不垮你，拉不倒你，挡不住你。当你争取到更大的成就和荣誉，让他人望尘莫及时，他人只能去欣赏你。

由于工作出色，马虹进入公司不到三年就得到了领导赏识，从一个普通会计晋升为财会小组长。遇到这样的好事情，马虹心里自然是美滋滋的，上下班路上都哼着小曲，但是很快这种好心情就被破坏了。

有一个同事见她升职加薪心理不平衡，觉得自己是老员工，凭什么这么好的机会让资历尚浅的马虹“捡”了。于是，他对马虹的态度尖刻了起来，说话很不客气，有时还带着“刺”。

听到这些，马虹自然明白对方所指，她很气愤，但是理智控制了情感。办公室就几个人，她也不想搞得很僵，毕竟还要来往，而且自己也要发展和进步。于是，每当同事再对自己冷嘲热讽时，马虹都只是嫣然一笑，继续埋头工作。

就这样，马虹顶着被否定的心理压力，不断地提高自己、完善自己，工作成绩越来越好，又多次得到领导的表扬。时间久了，这位同事也觉得马虹的工作能力的确比自己高出不少，也便不好意思再说什么了。

千万不要因他人的无理取闹、荒唐攻击而乱了方寸，也千万不要因此大动干戈，伤害自己和别人。只有懂得“舍得”二字，控制住自己的情绪，这样不但能轻而易举地战胜对方，还会博得对方的好感。

第八章

舍得分享，得馈赠

分享不仅是一种美德，更是一种收获。

分享让快乐更多，笑声更甜！

送你一束玫瑰

有人说:“让自己获得更多朋友，唯一的方法就是去帮助别人。帮助别人解疑答惑，也能丰富自己的知识；帮助别人扫去门前雪，自己前方的路也会更宽广、更平坦；帮助别人摆脱人生的困难，当自己遇到困难的时候，就会有人帮助你。”

的确，生活就像一面镜子，你对它笑，它就会对你笑；你对它哭，它就会对你哭。在生活中，帮助别人是获得朋友的最好方法。只有帮助了别人，自己的朋友之路才会越来越宽广，所以，帮助别人等于也是成就自己。

人们都说:“乐于助人的人上天堂，经常害人的人下地狱。”其实，天堂和地狱并没有多么大的区别，问题的关键是天堂里的人们懂得并愿意帮助别人。

一个叫张五的人整天冥思苦想:“为什么会有天堂和地狱的区别呢？为什么好心人上天堂，心肠不好的人下地狱呢？”他百思不得其解，于是去找上帝，希望上帝能够帮他解除心中的疑惑。

上帝说："好吧，我现在就让你见识见识天堂和地狱的区别。"

上帝带着张五先来到了天堂。这里鸟语花香、气候宜人，灵魂们个个脸色红润、身体健康，如仙人一般。

"看他们的生活真是舒服，他们平时都吃什么食物呢？"张五好奇地问上帝。

上帝说："食物并没有什么特别之处，不同的是他们互相帮助，因此丰衣足食、皆大欢喜。你看！"

顺着上帝指的方向看去，张五见一群灵魂正在一个巨大的锅旁吃饭，他们的手上拿着一把长达三尺的木勺，他们把盛上食物的勺子送到对面人的口中。吃饱了以后，他们载歌载舞，非常高兴。

后来，上帝又带张五来到了地狱。刚到地狱，张五就感觉到浑身冷得瑟瑟发抖，地狱中寒气逼人，而且到处都是骨瘦如柴、饱受饥饿的灵魂。

"他们为什么都这么瘦呢，好像一副没吃饱的样子？"张五有些害怕地问上帝。

"你看那边！"上帝说。

此时，那些灵魂都围在一个巨大的锅旁，他们手上同样都有一把长达三尺的木勺，他们争先恐后地吃着，但由于被长勺所约束，他们很难将食物送进口，所以吃到口里的远没有掉到地上的多，看上去悲惨极了。

这时候，上帝说："天堂和地狱的待遇是一样的，区别在于：天堂的人懂得互相帮助，所以他们有很多的朋友，他们很快乐；而地狱的人，他们不想帮助别人，最终他们什么也吃不到，所以才会活得如此悲惨。"

顿时，张五明白了天堂和地狱的区别所在。

是啊，天堂里的人之所以快乐，是因为他们懂得互相帮助，在帮助别人的同时也得到了别人的帮助，所以他们才会有那么多的朋友，才会快乐地生活着。而地狱里的人之所以悲惨，是因为他们不想帮助别人，所以也得不到别人的帮助，孤独悲惨地生活着。这就是天堂和地狱的区别。

人与人之间的交往本身就是互惠互利的。你对别人好，将心比心，别人也会对你好。你帮助别人，别人也会找机会帮助你。因此，要想获得别人的认可和帮助，享受到天堂般的快乐，前提必须是自己先去帮助他人。

维多利亚女王外出办了一些事情，现在她和几百位乘客乘坐着一列火车，火车在夜雾中驶向伦敦。突然，火车司机看见路边有一个黑影急速挥动着双臂，他立即请助手将这一情况汇报给女王。

女王虽然很着急回家，但她还是看了看窗外，毫不犹豫地对助手说："现在这么晚了，天气又很糟糕，那人一定是有急事需要救助，你去请司机停车，然后你再下车去问问那个人遇到了什么困难，看看我们是否能够帮助他。”

火车停稳后，助手急忙下了车，却不见刚刚挥手的那个人。他继续往前走，眼前的景象令他大吃一惊，前方的桥梁被水冲塌了，而火车前灯的玻璃罩外，有一只大飞蛾已僵死，双翅伸展着。

原来，在火车快要行驶到断桥的前几分钟，那只大飞蛾冲向车灯，落在了灯罩上。受伤飞蛾的翅膀仍不断舞动，垂死挣扎，从司机的视角看去，很像是有个人在挥动着双臂。正是因为女王舍一己之私只想帮助别人，大家才躲过了这场灾祸。

正是因为维多利亚女王让司机停了火车，让助手去寻找“晃臂求助”的人，最终大家躲过了这场灾祸。如果女王默然视之，不予理睬，司机就不会停车，大家很可能会遇难。

富兰克林曾经说过:“要想让别人对你好，你必须得对别人好，其实你在对别人好的同时，就是在对自己好；当你为别人着想的同时，也是在为自己着想；当你在救助别人的同时，也是在救助自己。”

在交往的过程中，学着主动帮助别人吧！只有首先舍得一己之私而帮助别人，我们才能得到别人的帮助。在帮助别人的时候，我们自己不仅没有受到损失，而且得到了朋友，得到了友谊，何乐而不为呢?

你真的很棒

要想使别人喜欢你，自己首先要多喜欢别人一点；要想与别人交朋友，自己必须先发出友好的善意。赞美是让对方感受善意最好的途径，只有付出真诚的赞美，才会拉近与别人的距离，才有可能与别人成为朋友。

最近，美国费城电力公司的推销员卡连·韦伯遇到了一个棘手的客户。尽管他多次拜访过这位名叫米卡的农场主，但每一次都没有进展。这一次，他又来拜访米卡了。

米卡看到卡连·韦伯朝自己走过来，便返回家中，准备把门关上。卡连·韦伯灵机一动，制止道："太太，请听我说。很抱歉，我又来打扰您了。不过，我这次不是来推销电的。"

米卡半掩着门，探出头来将信将疑地望着卡连·韦伯。

卡连·韦伯继续说道："我看见您喂的种鸡很漂亮，想买一打新鲜的鸡蛋回城做蛋糕。"

米卡把门稍微开大了一些，警觉地问道："城市里面又不是没有鸡蛋，你为什么跑这么远来乡下买鸡蛋？”

卡连·韦伯充满诚意地说：“是的，我也想省事在城里就近买鸡蛋，但是我太太听我说你这里有棕色的鸡蛋，她就要我来买你这里的棕色鸡蛋，她说用棕色鸡蛋做的蛋糕好吃。”

既然对方是自己的顾客，米卡就走出了门口，态度温和地跟卡连·韦伯聊起了鸡蛋的事。

这时，卡连·韦伯指着院子里的牛棚说：“太太，我敢打赌，你丈夫养的牛赶不上你养鸡赚钱多。”

米卡被说乐了，她高兴地说：“是的，多少年来，我丈夫总不承认这个事实。”高兴之余，她将卡连·韦伯视为了朋友，并带他到自己的鸡舍参观。

卡连·韦伯一边参观鸡舍，一边称赞米卡太太优秀，并顺势说道：“如果能用电灯照射的话，鸡产的蛋会更多。”

米卡早已经笑得合不拢嘴了，现在她好像忘记了以前拒绝卡连·韦伯的事情，而是饶有兴趣地问卡连·韦伯自己用电养鸡是否合算。当得到肯定的答复后，她终于同意使用卡连·韦伯公司的供电了。

赞美传达的是善心和好意，传递的是信任和情感，赞美别人可以让对方的内心和我们贴得更近，让彼此隔阂的心墙顿时瓦解，以四两拨千斤的方式博得别人的欢心。如果你想赢得别人的好感和认可，就要学会向别人送出赞美。

上述事例中，卡连·韦伯用买鸡蛋的托词与米卡太太说了一些家常话，并适时地称赞对方，打开了对方的心扉。然后他又很自然地扯到了用电问题，最终敲开了米卡太太的心扉，达到了目的，可以说是天衣无缝。

马克·吐温曾经说过："只凭一句赞美的话，我就可以活上两个月。"虽然这有些夸张，但这就是赞美的力量！如果你能够时常赞美别人，一定会博得别人的好感和信任，使交际变得愉快而简单。

赞美并不一定需要显著的成绩，在日常生活中成绩显著的人也并不多见，所以，我们不要总是盯着别人的缺点不放，要学会欣赏别人的长处，肯定别人的长处，哪怕只是微小的长处，也要不失时机地予以赞美。

我们每一个人都会有值得别人肯定的地方，正所谓尺有所短，寸有所长。用心去发现别人的优点，然后赞美别人，你会发现，当别人听到你的赞美时，你受到的将是不一样的待遇。

当然，能引起对方好感的赞美只能是那些基于事实、发自内心的夸奖，若严重脱离现实，就会让人觉得你很虚伪而产生反感。比如，一个人自知自己身材很不好，你却违心地夸他身材好，那他会以为是在嘲笑他，你只会自讨没趣。

另外，赞美并不一定局限于一些固定的词语，见人就说好，有时候可以借助于身体语言，比如投以赞许的目光、做一个夸奖的手势或送一个友好的微笑等，这些都能够让对方由衷地感受到你对他真诚的赞美，并对你产生好感！

大方地送出赞美吧！相信你的朋友会越来越多！

众乐乐

我们每个人都需要分享，都离不开分享，即使自己一无所有。

黛比今年已经五十多岁了，可是最近她身心备受打击，倒霉的事情接踵而至，丈夫刚去世不久，儿子又坠机身亡。一连串的打击让她的心都碎了，她觉得自己什么都没有了，每天郁郁寡欢，躲在家里不肯出来。久而久之，她得了抑郁症，甚至想自杀，去陪伴自己的丈夫和儿子。

就在黛比自杀而奄奄一息的时候，邻居发现了，并将她及时送到医院。主治医生将黛比抢救了过来，并对她说："虽然你现在失去了丈夫和儿子，但你其实很富有，不如学着和别人分享自己的东西。你连死都不怕，还怕失去什么呢？就当为在天堂的丈夫和儿子积德吧。"

“可是，我什么都没有，”黛比心想，“我没有亲人，没有金钱，没有健康，没有快乐，能拿什么给别人呢？”不过她还是听从了医生的话，冥思苦想，像自己这样一大把年纪的女人，还能干什么呢？

终于，黛比想到了一个好主意。她喜欢养花，自从丈夫和儿子去世后，她就没心思种花了，后来花园就荒废了。于是，她开始种花。在她的精心照料下，花园很快就成了花的海洋，只要走过的人都会为这片美景而陶醉。

黛比的心情好了许多，但她觉得还不够，于是把这些花送给附近医院里的病人，帮他们把花插在床头的花瓶里，花香充满了整个病房。病人看到黛比送的鲜花都非常高兴，身体康复得也更快了。

后来，这些病人康复出院后，纷纷给黛比写信和邮寄卡片。这些充满爱意的感谢信和卡片让黛比的心暖暖的，她不再那么孤独和寂寞。久而久之，她的忧郁症竟不药而愈，她重新获得了人生的喜悦。

其实生活就是这样，即使自己一无所有，也应试着跟别人分享一些。久而久之，你会发现，在给予别人的同时，自己也会收获颇多，自己才是最终的受益者。

分享是一个心态开放、思想解放、智慧绽放的过程；是尊重与合作，不断改革、不断创新的过程。只有分享，你才能够越来越强，把周围的人吸引到自己身边来。

在生活中，几乎每个人都有过这样的体会：当独自研究一个问题时，可能思考了五次，还是同一个思考模式；如果拿到集体中去研究，从他人的发言中，也许一次就可以完成自己五次才能完成的思考，并且他人的想法还会使自己产生新的联想。

不仅是个人，公司也应该学会分享。仔细观察微软、英特尔等商业巨头，你会发现他们的成功都是因为善于分享。

以微软来说，视窗操作系统的火爆让微软大赚了一笔之后，微软总裁比尔·盖茨并没有“私藏”这项技术，而是与所有硬件厂商和软件厂商分享视窗操作系统火爆的商机。现在很多硬件厂商的产品都支持微软的所有操作系统和软件，所有软件厂商的产品也都能在微软的操作系统中运行。正是因为这种分享，微软才能称霸全球操作系统市场。

试想，如果比尔·盖茨气量狭小，不把火爆的操作系统市场与硬件厂商和软件厂商分享，仅凭一己之力，微软能够有今天的辉煌吗？恐怕他会成为众多人眼中的“吝啬鬼”，以至留不住优秀人才，抵抗不住对手的竞争！

你把你的给我，我把我的给你，在这样互相舍弃、互受其利的过程中，不但能够赢得别人的好感和感激，使别人愿意和我们成为朋友，友谊之路越来越宽广，而且还能成就自己辉煌的事业。

懂得尊重

人与人之间的相处是相互的，你希望别人怎么对待你，那么你就应该怎么对待别人；你要想别人尊重你，首先你必须得尊重别人。自己不尊重别人就想获得别人的尊重是不可能的，这样甚至会遭人厌烦，逐渐失去朋友。

东汉末年的杨修是个文学家，他才思敏捷，灵巧机智，是曹操的谋士，官居主簿，典领文书，办理事务。但他却因恃才傲物，无所顾忌，数犯曹操之忌，招来了杀身之祸。

曹操欲建造花园，动工前审阅设计图纸时，他在园门上写了一个“活”字，本是有意和工匠们斗智，而杨修却自作聪明地揭破谜底，还四处张扬说：“丞相嫌园门设计得太大了。”这委实是不知趣。

曹操为了考考周围文臣武将的才智，在塞北送来的一盒奶酪盒上竖着写了“一合酥”三个字。杨修把曹操的“一合酥”给大臣们分吃了，还从容地回答：“盒上明明写着‘一人一口酥’，我等岂敢违丞相之命乎？”曹操虽然面上嬉笑，而心头却很妒忌杨修。

又过了几年，一次曹操和杨修讨论、思考一些问题，杨修想了一会儿就想了出来，他刚要说，却被曹操制止住了，曹操要自己想。转眼间他们行走了十里，可曹操还是没有想出来，又说下马步行继续想，可又走了十里，曹操还是没想出来。杨修不耐烦了，不愿意再走了，骑着马和步行的曹操又并行了十里。后来，杨修对别人说:“曹丞相差我三十里。”这让曹操大为恼火。

后来，曹操平汉中时连吃败仗，欲进兵，怕马超据守，欲收兵，又恐蜀兵耻笑，心中犹豫不决。夜间巡营的将领来向曹操请示口令，适逢庖官进鸡汤，他就随口说了一句“鸡肋”。将士们都不知道是什么意思，只有杨修马上开始收拾行李，并对别人说:“魏王今进不能胜，退恐人笑，在此无益，不如早归。”

一直以来，曹操就恨杨修恃才傲物，而且干预立嗣，问以军国之事，今见杨修又猜透了自己的心事，便恼羞成怒，命人以扰乱军心的名义把杨修杀了。

因杀杨修，曹操背了千载“嫉贤妒能”的恶名，但是当我们在怪曹操妒忌心太重的时候，是不是应该想一想杨修真正的死因是他太过傲慢、不尊重曹操呢？曹操当时身为丞相，一人之下万人之上，连皇帝都让他三分，可杨修却不把他放在眼里，不懂得尊重他，可谓咎由自取。

如今，平等和尊重已经成为人际交往的焦点，就更需要我们懂得尊重别人。上帝也许给了你美貌，给了你地位，但这并不能成为你不尊重别人的借口，否则你只会自取其辱，招致别人的反感，让自己难以下台。

尊重别人是一种美德，是一种良好修养的表现。综观那些受人欢迎的人，无一不是尊重别人的人，他们谦虚、和善、大度，可以营造友好的氛围。与这样的人交往时，人人都会感到非常快乐和满足。

学会尊重就能赢得别人的尊重，既保住了双方的面子，又能让大家更和睦地相处。相反，如果大家都不懂得尊重别人，你对我冷嘲热讽，我对你横加指责，那么人与人之间又怎能和谐相处呢？岂不是每天都生活在争吵之中？

一次，小马和小张出差，在吃早饭的时候，小张想出去买份报纸。过了一会儿，小张空手而归，而且还气急败坏地开始骂街。

小马问道："怎么了，什么事情让你这么生气？"

小张说："我去买报纸的时候，递给那个卖报纸的一百块钱叫他找钱，谁想那个家伙接下来不是找钱，而是把报纸从我腋下直接给抽走了。我正纳闷呢，他却说，他做的是生意，不是换零钱。"

就在小张还在数落卖报纸的人傲慢无礼的时候，小马已横穿马路去报亭那儿一探究竟。他走上前去，和和气气地说："先生，您能不能帮我个忙，我想买份报纸。我现在只有一张一百块的钞票破不开，我在这儿人生地不熟的，该怎么办呢？"

谁知，那个卖报纸的人毫不犹豫地把一份报纸塞给小马，并对小马说："没事，你先拿去看，有零钱了就给，没有就算了。"

小马拿着报纸给小张看，也给小张上了一堂为人处世的课。

我们对别人付出多少，相应地，我们就能收获多少。当我们对别人多一份尊重的时候，别人对我们的尊重也会相应增长。就像小张和小马一样，小张不懂得尊重别人，结果也受到了别人的无礼对待。相反，小马对人多一份尊敬，相应地，那个卖报纸的人也对小马非常地尊敬。

在人际交往过程中，尊重你身边的每一个人吧。尊重别人并不意味着就低人一等，我们也不会损失什么，反而能够换来别人的尊重，赢得良好的口碑和人缘，也就能够与更多的人和睦相处了。

善良的钻石

“人之初，性本善”，善良是做人最基本的品质，是这个世界上最美好的情操，是人类先天存在的崇高根基。法国作家雨果说得好：“善良是历史中稀有的珍珠，善良的人几乎优于伟大的人。”

如果你希望受到众人的欢迎，如果你希望别人善待自己，那么请你不要吝啬自己的善良，要善待别人。

俗话说得好：“种瓜得瓜，种豆得豆。”我们在“播种”善良的同时，也会收到善良的回赠。即使当时我们不会得到回赠，善良也会以另一种方式出现在以后的岁月中，让你收获颇多。

在一个又冷又黑的夜晚，一位老人的汽车在郊区的道路上抛锚了。过了很久才有一辆车经过，开车的男子二话没说便下车帮忙。

过了一会儿，车修好了，老人坚持要付些钱作为报酬。

男子摆摆手谢绝了他的好意，并温和地说：“老人家，您不需要给我什么钱，我这么做是应该的。”见老人一再坚持，男人说：

“感谢您的好意，但我想还有更多的人比我更需要钱，您不妨把钱给比我更需要的人。”然后，他们便各自上路了。

老人又冷又饿，便来到了一家面馆。一位身怀六甲的女招待立刻为他送上一碗热腾腾的面，并关切地问道：“先生，欢迎您光临，为什么这么晚了您还在赶路？”

老人讲了汽车抛锚的事情，并把男子救助自己的事也告诉了这位女招待：“这样的好人现在真难得，我真幸运碰到这样的好人。”说完，老人一边吃面，一边又问女招待，“你怎么工作到这么晚？你肚子里面的宝宝怎么办？”

女招待无奈地笑了笑说：“为了迎接孩子的出世，我需要第二份薪水。不过，没有关系，我的身体还可以吃得消。”

老人听后拿出两百美元给女招待当小费，女招待执意不收，但老人坚决地说：“你比我更需要它，就当我送给宝宝的礼物。”

女招待只好收下了。回到家，她将老人的事情告诉了丈夫，丈夫大感诧异：“世界上怎么会有这么巧的事，我就是那个修车的人。”

善良是人类温情的源泉。善良可以关爱别人，同时也善待自己；善良可以理解别人，同时也解脱自己；善良不需开出美丽的花，但能结出丰硕的果实。

约翰是一名偷盗技术无人能比的小偷，在几年的偷盗生涯中，没有他进不去的屋子，他也从来没有失过手。一天他从朋友那里得知，小镇教堂对面那条街的中间，有一户人家中有几万美元的现金，他决定好好地捞一把。

一天晚上，约翰带上了他的宝贝万能箱朝教堂对面的那条街走去。很奇怪，整条街都是漆黑的，只有街心有户人家亮了门灯，而且这家就是他所要找的那户人家。因为事先得知这家养了一条很凶的大黑狗，约翰就先往院子里扔了几个放了迷药的肉包子。

待确信大黑狗已经被迷晕后，约翰很利索地翻进了院子，熟练地打开房门，并且顺利地拿到了钱，确确实实是几万美金。拿到了钱，约翰正准备离开，突然听到老两口在谈话，他好奇地把耳朵贴在了墙上。

“老头子，咱们两人的眼睛都瞎了，总这样过下去，也不是个办法啊！咱们是不是该花钱请一个保姆啊！”屋子里传出一个苍老女人的声音。既然是瞎子，又为何整夜亮着门灯？这引起了约翰的兴趣。

“是啊！老婆子，可是咱们现在连日子都不好过了，哪来的钱请保姆呢？儿子遭遇空难后航空公司赔的那几万美金咱们不能用呀。”一个老年男人紧跟着回答。约翰的心一沉，继续听下去。

“是啊！你看我这记性，我们说好用这些钱给镇子里的孤儿们盖房子的，我都给忘了。老喽，不中用了。可是，咱们也得花钱交电费啊！门口的灯整夜亮着，很耗电啊！还有咱们的大黑狗，它每天都要吃骨头。”女人忧心忡忡地说道。

男人叹了一口气，平静地说道：“你也知道，这条街的路很难走的，要是夜里万一行人跌了跤怎么办？咱们亮着灯，别人在这条街上走路就不用摸黑了。有了大黑狗，行人就不用担心这条街有强盗了啊！没关系，只要咱们每天多糊两个小时的纸盒就行了，这日子还是能过的啊！”

约翰的心一震，咬了咬嘴唇。

“是啊！也只好这样了，谁让咱们年轻那会儿只抱养了一个儿子呢！早知道有今天，还不如当初从孤儿院多抱养一个呢！”老妇人抱怨道。

“不要想了，睡吧，睡吧，咱们明天还要起早糊纸盒呢。”男人说完，老妇人也不再说话了，屋子里安静了下来。

约翰也是孤儿，是逼不得已才干上了这行，听了两位老人的话，他十分愧疚，坐在门口流了一夜的泪。第二天早上，老夫妇的门口留下了两样东西，一样是他们的几万美金，另一样则是一个很小巧、很别致的万能箱。从此，这个小镇上就再也没有人看见过约翰了。

每个人都是善良的，即使是无恶不作的坏人也会有动恻隐之心的时候。约翰虽说是一个小偷，但他的心灵仍是纯洁的、善良的。在不经意间，他心中那根“善良”的弦被悄悄地触动了，从而促使他战胜了邪恶。

一个小小的善举就如同在人间开出了一朵美丽的花儿，善良会随着花的芬芳散发出去，惠及身边的每一个角落。小小的善举不过是举手之劳，却能给予别人温暖和感动，让人们收获真情，何乐而不为呢？

方便的桥

在人生道路上，每个人不可能事事如愿，总是要经历各种不如意。在别人遇到不如意的时候，千万不要过于自私，伸手帮人一把，也许一时的援手能换来一生一世的朋友，会让人终生受用。

年轻时，李海是一个穷困潦倒的学生，为了能够凑齐学费，他找了一份周末的兼职，开始挨家挨户地推销产品。但奔波了一天，他一件产品也没有销售出去，又遇到了大雨，他只好在一家酒楼的檐下躲雨。

此时已是傍晚，李海饥肠辘辘，又冻得浑身哆嗦，便从怀里掏出早上从家里带出来的冷馒头吃了起来。转过脸，隔着酒楼的玻璃窗，他望着里面蒸腾的热气和温暖，里面一些人正在悠闲地吃饭。

“现在若是有一杯热热的茶喝，该有多好啊。”李海在心里想，但是他很快就笑着摇了摇头，“唉，我这么穷、这么脏，怎么可以有那样的奢望呢？还是等着雨停了，赶紧回家喝一碗热水吧。”

这时，酒楼的门忽然开了，从里面走出一位女服务员，她径直走到李海跟前，彬彬有礼地说：“小弟弟，外面雨大，天气又凉，您到我们的酒楼坐一会儿，暖和一下吧。”李海暗地里想：“哼！想宰我？我才不进去呢。”但是，他转念又一想，自己除了身上的破衣裳，什么也没有，看她还能宰自己什么，便跟进去了。

服务员把李海引到一张椅子上坐定，端来一杯温茶水，微笑着说：“快点喝吧。”李海不知道这个服务员葫芦里卖的什么药，心想，既来之，则安之，便毫不客气地端起茶杯，把一杯水喝得干干净净，顿时觉得身上暖暖的，舒坦极了。雨停了，李海以为那位服务员会来收钱的，但是没有人来问他，他便问道：“茶水不收钱吗？”

服务员微笑着说：“不用了，我请你。”

李海非常感激地说：“请接受我由衷的感谢。”说完他就离开了。

经过几年的寒窗苦读，李海终于学有所成，成为一名有名的主治医师。有一次，他们医院接收了一个重病患者。李海听说这位患者一直在用顽强的毅力与病魔做斗争，他被患者这种顽强的信念所打动，决定亲自去看望这位患者。

来到病房时，患者正在睡觉，但李海还是看出来了，患者就是当初带自己进酒店的那位服务员，他暗下决心，无论如何也要治好她的病！经过医生多次会诊，他们终于找到了治疗姑娘疾病的有效方法。手术非常顺利，姑娘得救了。

当姑娘拿到医药费通知单时，她不敢打开，因为她的病已经花掉了家里所有的积蓄，她不知道高额的手术费将给她的家庭带来多么沉重的负担。当她鼓足勇气打开通知单的时候，她看到上面写着："医药费是一杯温茶水。"

故事中，世界的美好、人间的温情摇曳和放大在一杯免费的温茶水之中。不要吝惜自己的情感，不要浪费手中多余的东西，一杯温茶水看似平凡，却因为与人方便，暖透了心灵，贵比千金。

就像这位姑娘一样，要不是因为当初她在李海最需要帮助的时候及时伸出援手，为李海提供方便，她又怎么能够死里逃生，又怎么能够让主治医师心甘情愿地给自己付那么高额的手术费呢？

一个人付出多少，相应地就能回报多少。如果我们总是能够设身处地地为别人着想，为别人提供方便，那么别人也会对我们慷慨大方，也会设身处地地为我们着想。当我们遇到难处的时候，别人也会为我们提供方便。

就像姜太公曾经说过的那样：“天下不是一个人的天下，而是天下人的天下。与人同病相救，同情相成，同恶相助，同好相趋。所以没有用兵而能取胜，没有冲锋而能进攻，没有战壕而能防守。”意思就是告诫人们，爱人就是爱己，利人就是利己，助人就是助己，方便别人就是方便自己。

在现实的人际交往过程中，请学会舍得为别人提供方便，设身处地地为别人着想，为别人敞开方便之门吧。因为当你为别人敞开方便之门的时候，也就为自己敞开了方便之门。

第九章

舍得妥协，得双赢

如果抬一抬手，

就能让春光更美，花色更艳，

何乐而不为？

优雅的退让

现实生活中总会有一些磕磕绊绊，如果我们总是得理不饶人，或者没理搅三分，无论战胜还是战败，都不会改变世间的规律。一切都不会因为我们的说辞而改变，更不会因为我们的心情而改变。

让则通，通则顺，一顺百顺，顺风顺水，顺心顺利。

生活中，有时候“退”并不是服从与软弱，而是一种懂得变通的智慧。退，可以缓解当前状况，扭转局面；同时，退也是一种战术、一种策略、一种高标准的做事要求。

高明的处世哲学是以退为进，就好比只有收拳才能出拳有力，我们退一步是为了能大步地向前走两步。

人际关系中有一条特别难、也很有效的锦囊妙计，那就是以退让开始，以胜利结束。在一开始，你表现得以他人利益为重，但实际上也是为自己的利益开辟道路。在做有风险的事时，不妨冷静沉着地让一步，或许会取得更佳效果。

三国时期有一个著名事件，司马懿就是利用以退为进的策略夺得兵权的。

三国时期，蜀相诸葛亮出兵北伐曹魏。魏主曹睿看着眼前一封又一封的告急文件，一时间不知该如何是好。同时还有另一件事，东吴孙权称帝，与蜀国结成联盟，随时有攻入中原的可能。两面夹击让曹睿难以应对。就在此时，执掌兵权的大都督曹真又患了重病。无奈之下，曹睿只好宣召司马懿商量对策。此前他对司马懿一直都不太信任，找他实为无奈之举。

司马懿分析局势之后说："以臣之见，东吴孙权只是表面上称帝而已。我们用不着派兵防吴，而是需要集中兵力防蜀。"曹睿一听，觉得非常在理，当即封司马懿为大都督，总领陇西各路兵马，之后又吩咐属下去曹真府取大都督兵符来。

司马懿听了却阻止说："还是让我自己去取吧！"

司马懿去曹真府后，见了卧病在床的曹真，对他说："东吴、西蜀联盟兴兵来犯，诸葛亮又再次兵出祁山，这件事您知道吗？"

曹真一听大为惊讶，说："因为我身患重病，家人什么消息都没有告诉我。现在国家有难，只有司马兄才有能力抵挡蜀兵呀！"

司马懿赶紧谦虚地说："我才疏学浅，哪里比得上您。"

曹真命令属下："快去取大都督兵符来！"

司马懿紧忙推辞说："都督不用费心，我愿助你一臂之力拒敌，万万不敢接受兵符！"

曹真听了他的话立即央求道：“你如果不担此重任，我们的国家就危在旦夕了！我今日虽然卧病在床，也要去找皇帝推荐你！”

司马懿见他句句说的都是肺腑之言，便说：“天子已有恩命，只是我不敢接受罢了！”曹真闻言大喜，说：“只要你肯担当此任，蜀兵可退！”经过几番推诿后，司马懿终于接受了兵符。

从故事里不难看出，司马懿老谋深算，非常恰当地运用了以退为进的策略，掌握兵权的同时也化解了曹真被夺权的怨愤。

种种经验告诉我们，为人处世要懂得退让，让则通，通则顺，一顺百顺，顺风顺水，顺心顺利。退是一种大智慧与处世哲学，更是一种教人走向成功的谋略。

有理，无理

也许有人会说：“人活一口气，佛争一炷香，在别人理亏的时候，就是要与别人一争高下，让别人知道自己不是好欺负的。”因此，只要是自己有理，就不肯让步，非要让对方承认自己的错误，或者非要逼得对方无路可退才肯善罢甘休。

与别人争斗不休，到最后我们又得到了什么呢？即使让别人知道我们不是好欺负的，那又有什么用呢？没错，到最后别人是都不敢欺负我们了，但与此同时，也没有人敢理我们了，这不是得不偿失吗？而且，得理不饶人也会显得没理了。

得饶人处且饶人，敬别人一尺，别人就会敬我们一丈。在得理的时候放别人一马，日后别人得理也会放我们一马。只有得理让三分的人才能拥有更多的朋友，才能与更多的人和睦相处。

在汉朝时期，有一位太守名叫刘宽。他仁慈宽厚，心地善良，从不刁难属下和百姓。每逢他的属下或是百姓做错事的时候，他只让差役用蒲鞭轻轻打几下，以示警告。老百姓都说刘宽是个好官。

刘宽的夫人听说自己的丈夫深得民心，一开始还不太相信，于是想看看刘宽是否真像百姓所说的那样。有一天，她让婢女在刘宽办公时端着一碗肉汤走出来，当走到刘宽旁边时，故意装作不小心的样子，把肉汤泼到了刘宽的官服上。果然，刘宽不仅没发脾气，反而关心婢女有没有烫伤。刘夫人看到刘宽有理让三分的度量之后心悦诚服。

又有一次，在大街上，有一个人看见刘宽驾车的牛，硬说是自己家丢失的牛。刘宽并没有和那个人据理力争，也没有竭尽全力保护自己的财产，而是什么也没说，吩咐车夫把牛解下给那个人，自己走着回家了。

后来，那个人找到了自己家的牛，于是把刘宽家的牛归还给了刘宽，并再三地向刘宽道歉。可此时刘宽并没有得理不饶人，而是好言好语安慰了那个人一番，并对那个人说："你不必担心，回家好好生活吧，我不会怪罪于你。"

正是刘宽有理让三分的度量，百姓对他非常佩服，也更加爱戴他了。

不必得理不饶人，谁对谁错、谁是谁非，慢慢地自然会见分晓，我们用不着怒气冲冲地去指责别人。得饶人处且饶人，是有百利而无一害的，会让你拥有更加广阔的空间。

在人际交往中，世事曲折如道路，人情翻覆似波澜。也许今天的朋友会成为你明天的敌人，而今天的敌人也许会成为你明天的朋友，所以"狭路相逢让人行，得理也让人三分"，更是一种自保之法、化敌为友之道。

在一家餐馆里，有一位顾客突然大声喊道："服务员！你过来！你过来！"这时，餐厅里的服务员走了过来，面带微笑地对他说："先生，请问有什么事情需要我帮助您的吗？"

那位客人怒气冲冲地说："你看看，你们的牛奶坏了，把我的红茶都给糟蹋了！"

服务员微笑着说：“真对不起，我帮您换一下。”

很快，服务员就把红茶和牛奶端了上来，杯子和碟子跟上一杯是一模一样的，放着新鲜的牛奶和柠檬。服务员轻轻地把牛奶和鲜柠檬放在顾客面前，轻声地说：“先生，我能不能给您提个建议，柠檬和牛奶不要放在一起，因为牛奶遇到柠檬很可能会结块的。”

顾客的脸刷地一下就红了，他匆匆喝完那杯茶就走了出去。其他的客人问那位服务员说：“明明是他老土，你为什么不直接对他说呢？他那么粗鲁地对你，为什么你还和颜悦色的呢？”

服务员轻轻地笑了笑，回答道：“正是因为他粗鲁，所以我才要用婉转的方式，因为道理一说就明白，又何必那么大声呢？理不直的人，常常用气壮来压人；有理的人，就要用和气来交朋友。”

在座的所有顾客都笑着点了点头，对这家餐馆又增加了几分好感。从此，这家餐馆的生意也越来越红火，不是因为他们的菜有多好，也不是因为餐馆的规模有多大，而是因为餐馆的服务态度好，懂得尊重顾客。

正是由于服务员在对待客人的时候懂得有理让三分，没有因为顾客的无理取闹就还以颜色，而是面带微笑地为顾客服务，然后用委婉的语气告诉顾客事实的真相，保留住顾客的尊严，这样才会有更多的顾客光临这家餐馆。

古人云："用争斗的方式，我们永远得不到满足；但是用退让的方式，我们得到的会比期望的更多。"在交际过程中舍得让别人，即使我们有理也舍得让别人三分，这样才能赢得别人的尊重，才能与更多人和谐共处。

留"一"，让"三"

在这个世界上，人们在交往过程中，不可避免地会在某一方面与别人的观念不同，自然也就会产生大大小小、各种各样的矛盾。

面对这些矛盾时，如果我们争强好胜，总是想要压别人一头，那么往往就会在无形之间给自己及周围的人带来很大的压力，破坏良好的人际关系，使自己走向孤立无援的境地，为自己设置许多障碍，使自己各方面陷入窘迫。

在与他人相处时，要学会相互帮助与忍让，这两样少了其中一样便什么事也干不了。对人对事不要小题大做，抓住不放，要学会包容。要知道，当你给对方关上一道门的同时，也把自己堵在了门外。

两个人在一架独木桥中间相遇了，因为是独木桥，所以只能容一个人通过。这两个人站在桥中间各不相让，都想让对方先给自己让路。

其中一个说："我现在有急事，您让我先过去吧。"

另一个人说："既然我们都不愿让对方先过，那就同时侧身过桥。"

他们说好之后，就侧过身子脸贴脸地过桥。

这时一个人暗暗推了另一个人一把，那个人在快要掉入水中时抓住了推他的人。结局大家都想到了，二人最后一起掉进了水里。

墨子说："恋人者，人必从恋之；害人者，人必从害之。"我们要让自己心境平和，与其争抢不如退让，这也是为自己寻求方便的根源。

凡在争抢中度过时光的人，都不能称得上懂得为人处世底线的智者。可以说，处世是人一生需要追寻的学问；"求让"则是保证我们能够安心做事的非常重要的做人底线。

"争"与"让"的区别在于："争"在于不失自身的分寸，"让"在于敢于舍弃一切。凡事如用"争"的方法，大多时候你不会得到满意的结果；但是用"让"的方法，则收获会高于预期。不可小觑语言的杀伤力，它带来的伤害也是非常巨大的，假如你非得逞口舌之快，往往会适得其反，倒不如学会退让。

人通常都不愿意承认自己的错误，会觉得很难堪，心里总是很勉强，可是如果这样做能够使事情办得很顺利，增加成功的希望，带来的结果就可以冲淡认错时的沮丧情绪。而且很多时候，如果你先人一步承认自己错了，别人也很可能会跟你一样宽容大度。就好像打拳击一样，伸出去的拳头想要再次出击，一定要先收回来才行。

庄子曾讲，穷通皆乐；苏轼则言，进退自如。不管是庄子所说的穷通，还是苏轼所讲的进退，指的都是同一种做事的策略。穷通指的是人实际的境况遭遇，进退指的是人主观的态度和行动。庄子认为，世间万事万物都应顺应自然，不去强求，方可过上安乐祥和的日子；苏轼认为，人只有应用自然法则，安于当下环境，才能进退自如，穷通皆乐。由此看来，做人的大道理、大智慧即是进退之道。

生活有时就是这样，如果你刻意追求，追求得太迫切、太执拗，大多时候会一无所得，只能徒增烦恼。相反，如果你适当地对别人作出一些让步，有时候会比为了争强好胜而撞破头更加有效。

进与退

生活中，人们常常赋予“前进”以勇者的赞誉，因为“进”代表着积极向上、积极进取的人生态度。但是，在人际关系上，我们一定要懂得“退”，要舍得“退”，让自己“停下来”或“退几步”。

不要怀疑，有时候“舍”就是“得”，“退”就是“进”，自己退一步，是为了积蓄更多的力量，为前进而做准备，就意味着往前进了一步；给别人方便，实际上是为日后给自己留下方便，这未尝不是一种进。

我们先来看一个比较典型的事例。

春秋时期，楚庄王为了扩大自己的势力，发兵攻打庸国。由于庸国奋力抵抗，楚军一时难以推进，楚将子杨窗也被俘虏了。三天后，由于庸国的疏忽，子杨窗竟从庸国逃了回来，他对楚庄王讲述了庸国的情况:“庸国人人奋战，如果我们不调集主力大军，恐怕难以取胜。”

楚将师叔出了一个主意，建议用佯装败退之计以骄庸军，此后再去进攻他们。因此师叔带兵进攻，开战不久，楚军佯装难以招架，败下阵来向后撤退。这样一连几次，楚军节节败退，庸军七战七捷，不由得骄傲起来，军心麻痹，斗志渐渐松懈，对敌人的戒备之心也渐渐消失了。

在这种情况下，楚庄王率领增援部队赶来，师叔说："我军已七次佯装败退，庸人已十分骄傲，现在正是发动总攻的大好时机。"于是楚庄王下令兵分两路进攻庸国，此时庸国将士正陶醉在胜利之中，怎么也不会想到楚军会突然发起进攻。庸国士兵仓促应战，抵挡不住，结果庸国被一举消灭。

在这个故事中，楚国为了战胜庸国，采取了退让的方法。退本身并不能说明他们胆怯、弱小，是逃兵，相反是为了积蓄能量，更好地进攻。退一步便可以创造更好的机会，最终获得胜利。

在我们的生活中，还有很多以"退"为"进"的事例。比如体育竞赛中的足球、篮球赛，当进攻受阻时，往往是将球后传，谋取更有效的进攻，获取"破网"的收获。汽车驾驶员在泊车时，有时也需要准确地后退，才能将车停在安全的位置；起步时，有时也需要后退，才能把车驶上前进的道路……

当然，生活中的为人处世更是如此。在遇到问题时，如果一味地向前横冲直撞，不仅事情办不成，还会导致意想不到的后果。

所以，退是最好的方法，待到关键时刻再勇往直前，你将会收获更多！

一天上午，有一个美国人怒气冲冲地来到某饭店的经理室，指着经理说：“你就是经理吗？我在你们饭店摔伤了腰，你们的地板那么滑，怎么不做好防护措施呢？这样太危险了，我需要你们马上给我治疗。”

看着这位怒气冲冲的顾客，经理依据自己的经验判断他的腰没有什么大问题，但是经理还是很客气地说道：“实在很抱歉，您的腰不要紧吧，我马上为您联系医务室，给你做一下检查，请您稍坐一下。”

美国人坐在椅子上继续抱怨着，饭店经理看他的情绪已经稳定下来，便温和地说：“医务室已经帮您联系好了，我这就带您去。不过，进入医务室需要专用的鞋子，现在请您换上这双鞋吧。”

当这位美国人走出办公室以后，经理悄悄地把他换下来的鞋交给一位服务员，并吩咐她说：“这双鞋的后跟已经磨薄了，你赶快把它送到楼下修鞋处给换上橡胶后跟，在我们回来之前必须送回来。”

果然，检查一番后，这位美国人没有发现任何异常，此时他的情绪已完全平稳下来，也觉得自己刚才太莽撞了，解释说：“地板滑实在是太危险了，我只是想提醒你们注意，没有别的意思。”

经理友好地笑了笑，说道：“谢谢您的好意，以后我们一定会提醒顾客注意的，也会做好改进工作。好的，这是您的鞋，很冒昧我们擅自修理了您的鞋，因为您的鞋后跟已经磨薄了，这样很容易滑倒的。”

美国人有些不好意思地接过鞋，穿上后非常高兴，感激地对经理说：“实在是太感谢了，对于您的关怀我是不会忘记的。”从此以后，只要这个美国人来到这个城市，肯定会在这家饭店住宿。

这位美国人能够满意而去，就是因为饭店经理懂得退让。他明知道美国人之所以滑倒是因为自己的鞋跟磨得太薄了，但他并没有急着为自己辩驳，而是先带心情激动的美国人去医务室检查，派人把美国人的鞋修好，然后等他的心情完全平静下来之后才告诉他滑倒的真相。这样既保住了美国客人的尊严，还为饭店留住了一位回头客。这样的退，难道不是一种进吗？

退，是为下一次的进步积蓄力量。对别人暂时的退让并不会让自己损失什么东西，反而可以更进一步，可以赢得更多的财源和人缘。因此，为人处世，要有退步的勇气，要学会以退为进。

妥协的熨斗

在生活中与别人发生摩擦的时候，千万不要与对方撕破脸皮，甚至大打出手，这样做不但伤害我们和别人的感情，而且不会赢得别人的尊重。要想搞好人际关系，有必要学会妥协、退让，适当的时候要忍一忍。

一天傍晚，吃完晚饭后，狮子爸爸带着小狮子在草原上散步，它们悠闲地走着，突然对面来了一条疯狗，狮子爸爸对小狮子说："咱们赶紧躲起来吧。"说着，便躲到了草丛后面。

眼看着疯狗在自己面前大摇大摆地走过，小狮子十分生气地对爸爸说："爸爸，大家都说你是草原之王，我看你是胆小鬼，那条疯狗本身就不是我们的对手，连我都不怕它，在你的眼里又能算得了什么呢？它应该为我们让路，为什么你反而要对它妥协退让呢？"说完，余怒未消的小狮子就要走。

狮子爸爸叫住小狮子说："儿子，你听爸爸给你解释。你想，如果爸爸和那条疯狗发生了冲突，打赢了那条疯狗，那我能得到什么好名声吗？别人只会说我恃强凌弱，毁了我的名声，是不是？”小狮子觉得很有道理，点了点头。

接着，狮子爸爸又说：“如果我们在与疯狗打斗的过程中不慎被它咬了一口，那么我们的麻烦就更大了，不但毁了我草原之王的名声，还得花钱打狂犬疫苗，一打就是好几年，这样我们合算吗？”小狮子又心悦诚服地点了点头。

狮子爸爸说：“如果我们躲避一下，给疯狗让条路，这样我们就两不相伤，对大家来说都是好事。儿子，今后你也要记住，真正的强者并不是比谁更狠谁更能打架，而是比谁更能忍让。因为不是我们能打，我们就是强者，也不是谁见了我们都害怕、都退避三舍，我们就是强者，真正的强者是藏在别人内心之中的。”

小狮子听完爸爸的话高兴地说：“我知道了。”

就像狮子爸爸说的那样，真正的强者是藏在别人内心之中的，妥协、退让并没有让它失去草原之王的地位，也不会动摇它在其他动物心中“强者”的地位，而疯狗也没有因为狮子的退让而让自己的地位有所提高。

真正的强者不会在乎一时的妥协、退让，因为对他们而言，妥协、退让不是懦弱的表现，更不是可耻的，而是强者应该有的一种度量和胸怀，是对别人的一种尊重，也是对自己的一种尊重。

有人说：“马善被人骑，人善被人欺。”但是他们不知道，马善人骑天不骑，人善人欺天不欺。当我们以宽广的胸怀去面对别人、与人为善的时候，我们得到的不是别人的欺负，而是别人的尊重。

妥协、退让是一种素质、一种美德、一种胸怀，是创造和谐人际关系的基础。正所谓，一忍百事成，百忍万事兴。适当地妥协、退让，可以熄灭我们心中的怒火和怨气，不但会让自己身心平安，而且还会让别人心情舒畅，我们也会因此获得更多朋友的好感和尊重。

难于上青天

如果为了显示自己的实力，为了向别人证明自己不是好欺负的，就总是和别人争斗，和别人硬碰，那么我们就会落入别人的“圈套”，到最后只会两败俱伤，对彼此都没有任何好处，而且自己往往是最大的受害者。

因此，当我们明知来者不善、无理取闹的时候，选择知难而退不与他们发生正面冲突，是一种智慧的选择。你会发现，退让不仅为自己赢得了一片光明，也为别人迎来了一片光明。

北宋仁宗时期的宰相富弼以大度著称，上至皇帝，下至文武百官，无不称赞他的人品。他聪明博学，性格宽厚谦和，在面对别人的刁难时，也总是知难而退。

有一次，一个秀才自恃自己才高八斗、学富五车，想与富弼较量一下，于是便在街上拦住富弼的去路，问道："听说你见多识广，我想请教你一个问题。"

富弼知道来者不善，但也不能不理会，只好答应了。众人看见富弼被人拦截，都拥过来看热闹。秀才问道："欲正其心必先诚其意，所谓诚意即毋自欺也，是即为是，非即为非。这是什么意思？"

富弼笑了笑，答道："这个我还没有理解透彻，不太清楚，那你说是什么意思啊？"

秀才听完大笑道："亏你熟读四书五经，原来你也只是浪得虚名啊。"说完便扬长而去。

富弼的仆人气不过："我真是不明白，这个问题连我都知道答案，您怎么装糊涂呢？"

富弼说道："这个人年少轻狂，我要是与他辩论，必然会言辞激烈，气氛紧张，无论谁胜谁负，彼此都会口服心不服。那个秀才心胸狭隘，必然会记仇，我又何必和他逞口舌之快呢？"

过了几天，富弼在街上又遇到了那位秀才，主动上前打招呼。那个秀才扭头而去，理都不理他。走出了一段距离后，他才回头对着富弼大声喊道："富弼乃一乌龟耳！"

仆人告诉富弼秀才在骂他，富弼却说："是在骂别人吧！"

仆人说："可是他指名道姓骂你，怎么会是骂别人呢？"

富弼说："天下同名同姓之人多得是。"他们边说边走，就当秀才不存在一样。

秀才本想借机羞辱富弼，让他下不了台，但是富弼却不与自己一般见识，他自觉无趣，也深深地感觉到富弼博大的胸怀，便低头走开了。从此以后，秀才见到富弼再也不羞辱他了，总是毕恭毕敬的。

面对秀才的多次刁难，富弼都选择了退让，不与秀才争辩是非，才会避免与秀才发生无休无止的纠缠。正是因此，他才让秀才改过自新。试想，如果富弼面对秀才的百般刁难时选择迎难而上，那么结果又会怎样呢？

还有一个选择知难而退的经典事例，我们不妨来分享一下。

西汉名将韩信武功盖世，称雄一时，但当他尚未功成名就时只不过是一个平民百姓。

有一天，韩信正在街上闲逛，突然迎面走来一个人。他看不起韩信这副寒酸迂腐相，当即从腰间抽出一把刀，扔在他的面前，说：“韩信，你要是不怕死，就用菜刀来砍我，要是怕死不敢呢，就从我的裤裆底下钻过去！”说着，他双手抱胸，双脚叉开，趾高气扬地看着韩信。

韩信一看，猜到对方是故意找碴的，心里很是气愤，但他还是平心静气地问：“这位兄弟，不知道我有什么地方得罪你了。”

那个人说：“没有，我就是听说你胆子很大，今天我倒要看看你有多大的胆子。”

韩信认真地打量着那个牛高马大的人，心想，自己形单影只，硬拼肯定吃亏，为了这点小事闹出人命来得不偿失。于是他便弯腰趴地，从那人的胯下钻了过去。顿时，那个人得意地狂笑起来，满街的人也跟着哄笑起来。

韩信低着头，一声不响地从人群中走了出去。后来，他忍气吞声，闭门苦读，学得一身兵法，军事才能无人能及，并得到汉王刘邦的重用，拜其为大将军。他也为大汉王朝的建立立下了汗马功劳，威名远扬。

在常人看来，韩信的“胯下之辱”绝对让人不堪忍受，简直是奇耻大辱，然而韩信爬过去了！多数人不理解大英雄韩信为何能忍受他人的欺辱，其实这正是韩信知难而退、能屈能伸的精神所在。

试想，如果韩信当时选择迎难而上，一气之下杀死那个人，还挥刀乱杀那些旁边看笑话的人，免不了要吃官司。那么，历史将被改写，历史上就不会出现一个叱咤风云的大将军，只会多一个名不见经传的枉死鬼。

生活中也是一样，当遇到别人刁难时，摆在我们面前的有两条路：可以选择迎难而上，与对方正面交锋、一决雌雄，最后弄得两败俱伤；也可以选择知难而退，让对方自觉无趣而善罢甘休，从此赢得对方的尊重。

想要什么样的结果，就要看你如何选择了！

赢家的“法宝”

在生活中，我们要时时懂得退让，因为只有懂得主动退让，才能防止与别人争斗，才能防止伤害到别人，这是一种能够让我们趋利避害、远离人际纷扰与祸端的方法。

每个人的内心深处总有不愿意让人知道的一面，聪明的人会尽量避开，主动退让，尽量不去触碰到别人的禁区；而愚蠢的人则相反，他们总是横冲直撞，不会因为是别人的禁区而主动退让。所以愚蠢的人往往被人唾弃，而聪明的人则会赢得别人的尊重。

在人际关系中也是一样，面对别人不愿意提及的禁区时，我们要学会主动退让，尽量避开这些禁区，如果非要一意孤行、横冲直撞的话，很有可能会伤害到朋友的感情和自尊，破坏朋友之间的友谊。

许孟和几个生意上的朋友一起吃饭，一是为了相互联络、深化感情，二是想就目前市场情况进行讨论，以便制定合理的工作安排。当时，在场的一个朋友李经理的公司亏损了不少，所以大家都有意识地回避这个问题。

然而，许孟席间酒一下肚就口不择言了，加上自己刚做生意赚了一大笔，忍不住就开始大谈他的捞钱经历和商界功夫，得意之情溢于言表，还一个劲地催促在场的每一个人都讲讲自己经营公司的“秘诀”。

李经理面色难看，低头不语。其他人都冲着许孟挤眉弄眼，希望他不要再纠缠这一个问题，但许孟不依不饶：“兄弟，虽然你公司现在的经营情况很不好，但你不妨也说说你平时是如何经营的，我们到时候不这样做不就好了吗？”

无奈之下，李经理声称自己还有事情，中途离开了。后来，许孟感到李经理对自己的态度冷淡了许多。等李经理的公司转亏为盈，宴请亲朋时，唯独许孟没有接到请帖。两人的关系日渐生疏，到最后生意的来往也渐渐断绝了。

与人相处的时候要懂得退让，尤其是出现冲突和摩擦的时候，千万不要去触碰别人的禁区，固执地前行会为自己种下灾祸的种子。学会退让，用好退让这个趋利避害的“法宝”，我们的朋友将会越来越多。

第十章

舍得吃苦，得成功

每一朵花，都历经风吹雨打，

最后才在和风细雨中，

缓缓盛开于明媚的阳光下，

娇媚而骄傲。

亲手打开

一百多年前，美国费城有一个勇于奉献的牧师康惠尔，他发现其教堂所在地区有许多年轻人因经济原因而不能接受大学教育，善良的康惠尔牧师就想：要是能为这些年轻人办一所大学那该有多好啊！

于是，康惠尔牧师奔走于名流商贾之间，想筹到办这所大学所需的经费。但令康惠尔牧师失望的是，五年过去了，他连一千美元也没有筹集到，但办一所大学至少要有一百五十万美元。

一天，他情绪低落地穿过花园走向教堂，却发现自己花园的草坪与别人整洁的草坪相比很不像样。康惠尔牧师便问园丁："为什么这里的草长得不如别处的草呢？"

园丁同答说："您只是看到别人美丽的草地，却很少去整治自己的草地！"

这句话使康惠尔恍然大悟，他想五年来我只是去要求别人，为何不提升自己的能力去赢得办这所大学的费用呢？此后，他开始积极探求人生哲理并向人们讲道：财富和成功不是仅凭奔走四方发现的，它属于相信自己有能力“整治自己的草地”的人！他的演讲发人深省，因而备受欢迎，七年后他赚得了八百万美元，终于建立起一所大学。

如今，他建立的高等学府依然矗立在费城，并且闻名于世。

每个人都看到他人草地的美丽却不想着去整治自己的草地，殊不知你自己才是那座最靠得住的金矿。

当情况看起来似乎很糟糕的时候，你应该想想你是否站错了方向；当你看着太阳的时候，你不会看见阴影；向后看只会使你丧失信心，向前看才会使你充满自信；当前景不太光明的时候，试着向上看看吧——那儿总是美好的，你一定会获得成功，要永远把梦想放在那里。

1947 年，美孚石油公司董事长贝里奇到开普敦巡视工作，在卫生间里看到一位黑人小伙子正虔诚地跪着擦地板。贝里奇感到很奇怪，问他为何如此？黑人说是为了感谢一位圣人，是这位圣人帮他找到了这份工作，让他终于有饭吃了。

贝里奇笑着说：我曾经遇到一位圣人，他使我成为美孚石油公司董事长，你愿意见一下他吗？这位黑人说：我当然愿意。

贝里奇说：南非有一座非常有名的山，叫大温特胡克山。那上面住着一位圣人，能为人指点迷津，凡是遇到他的人都会前程似锦。二十年前，我去南非登上过这座山，正巧遇到他，并得到他的指点。假如你愿意去拜访，我可以向你的经理说情，准你一个月的假。

这位年轻的黑人在三十天里一路披荆斩棘、风餐露宿、历尽艰辛，终于登上了白雪覆盖的大温特胡克山。他在山顶寻找了一天，但除了自己什么都没有遇到。

黑人小伙子很失望地回来了，遇到贝里奇后说的第一句话是："董事长先生，一路上我处处留意，但直到山顶，我发现，除了我之外，并没有什么圣人。"

贝里奇说："你说得很对，除了你自己之外，根本没有什么圣人。"

二十年后，这位黑人小伙子成了美孚石油公司开普敦分公司的总经理，他的名字叫贾姆纳。在一次记者招待会上，针对他传奇的一生，他说了这么一句话：你发现自己的那一天，就是你遇到圣人的时候。

态度决定一切，从你认识自己的那一刻起，你就已经启程向成功靠近了。记得希腊神柱上有这样一句话："人啊，认识你自己。"唯有对自己有清晰的认识时，才能进一步有效地去认识他人与世界。当然这里所说的认识是一种积极的态度，是一种对生活由衷的热爱态度。所以说生活就像一面镜子，你对她笑，她也对你笑；你对她哭，她也对你哭。

卡夫卡说：受难是这个世界和积极因素之间唯一的联系，当我们用不屈服的人生态度面对生命中的磨难时，我们才不会在生命的快乐中缺席。

—— 清新的谷底风 ——

摆在我们面前的路有很多条，一旦选择了适合自己的道路，哪怕路上布满荆棘，我们都应该义无反顾，朝着自己的目标，坚定地走下去。

有一个热爱足球的女孩，黑而瘦小的她竭尽了全力，还是没能进入省里的女子足球队。考核结束之后，所有落选的女孩都失望地离开了，只有她默默地坐在场地边看队员们训练。

看到她伤心的模样，教练有些过意不去，就走过去安慰她。“您能留下我吗？”女孩抬起头，眼睛里饱含着泪水。“可我们的主力队员已经够了。”教练为难地说道。“那就让我做个替补队员吧，总得有人给主力队员拿衣服、送水啊。”“你为什么非留下来不可呢？”教练对她的执著感到好奇。“对我来说，这是我离成功最近的地方，在这里我随时都有机会成为主力队员，不是吗？”教练望着她企求的眼神，实在是不忍心拒绝，于是便答应了她的请求。

女孩十分珍惜这个接触球场的机会。从此以后，每当场上的队员进行训练的时候，女孩就默默地在场下练球。她的坚持不懈终于为她赢得了难得的机会，在一次重要的比赛里，前锋队员意外受伤，万般无奈之下教练只好派她上场，结果女孩在下半场连进两球，不仅帮助本队获得了胜利，更使得自己一举成名。

台上三分钟，台下十年功，成功人士在台下经历的挫折与苦难都成了鲜为人知的过往，只有当他们积累了丰富的人生智慧，等到属于自己的展示时刻时，才向观众绽放出其绚丽人生。观众只能看到他们光鲜亮丽的一面，而这鲜活的人像背后，有太多付出与汗水，他们经历的苦痛也许是常人难以想象的。

一口吃成个胖子是不切实际的想法，一步登天的人更是空想，无论是摘得桂冠还是事业蒸蒸日上，没有人一上台就能惊艳全场，都是在幕布后面默默地积蓄力量，等待厚积薄发的那一天。

人生难免会遇到低谷。当我们面对挫折时，首先应该冷静下来，给自己勇气，让自己沉着，调整好心态，总结经验教训。有毅力的人才是真正的勇者。那些经受过长时间考验的人，除了事业成功以外，更获得了比物质报酬更为宝贵的东西，那就是一种潜移默化的精神能量。让我们学会凭借自己的毅力，总结失败的经验教训，去跨越一个个鸿沟，从而创造更多的社会价值吧。

生活中所遭遇的困难与挫折其实就像覆盖在我们身上的“泥沙”，我们通常只是看到消极的一面，只顾着抱怨处境艰险，宁愿束手无策地坐以待毙，也不愿意花时间去思考如何战胜困难。这个时候如果换个角度，让内心强大起来，用正确而积极的心态去面对困难，将它们抖落掉，我们就能把困难踩在脚下，化险为夷，走向坦途。

有一天，农夫的一头驴不小心掉进一口枯井里，农夫绞尽脑汁想把它救出来。但是几个小时过去了，农夫还是没想到好的办法，驴在井里痛苦地哀嚎着。最后，这位农夫决定放弃，他不愿意再大费周章去把它救出来，于是便请来左邻右舍帮忙一起将枯井中的驴埋了，以免除它的痛苦。农夫的邻居人手一把铲子，开始将泥土铲进枯井中。

当众人铲进井里的泥土落在驴子的背部时，驴的反应出奇地冷静和理智，它没有让泥土将自己掩埋，而是将泥土抖落在一旁，然后站到铲进的土堆上面，将这些泥土踩实。就这样，驴将大家铲在它身上的泥土全数抖落在井底，然后再站上去。很快，随着脚下的泥土不断加高，这只驴成功地上升到井口。它不但没有被泥土掩埋，反而因为泥土的帮忙而重新获得了自由。

有时候我们就像那头驴一样，在漫漫的生命旅程中会遇到诸多磨难，难免会陷入“枯井”当中，可能还会有各种外在施加的泥沙覆盖在我们身上。这时的我们不应自暴自弃，也不必怨天尤人，而应该以一种正确而积极的态度去应对。即便是在“枯井”里面，也不要哭泣，要摆脱困境，只有将泥沙抖落掉，使之成为成功路上的垫脚石，才能从困境中破茧成蝶。

没有选择

人在无法改变不幸或不公的命运时，要学会接受不可改变的现实。接受现实是克服任何不幸的第一步，因为即使我们不接受命运的安排，也不能改变事实分毫，唯一能改变的只有自己。

我们常常认为是一件事情引发了我们的某种情绪，但美国心理学家埃利斯认为，是内心的观念或者说心态决定了我们的情绪。所以，不要把你的一切情绪都归于现在的事件、现在的人、现在的关系。表面上是这些因素决定了你的爱恨情仇以及种种情绪，实际上导致你负面情绪的罪魁祸首是你内心对事情的想法和态度，而这是完全可以用积极的心态去改变的。从这个意义上说，我们完全有能力左右自己的心情。

中国台湾作家吴淡如讲过她的一个朋友的故事：

不久前，她的一位朋友在检查身体时发现胸部有了恶性肿瘤。之前的一年，她已经承受了很多灾难：她的父亲中风、兄弟遇车祸去世。也许是她的内心负担过重，因而影响了健康。

但她比大家想象的坚强。医生在手术后告诉她："情况没有想象中的严重，不需要痛苦的化疗。"她欣喜地告诉大家，说是老天饶她一命，让大家帮她庆贺一下。

她才三十多岁，看待命运竟然如此淡然。当朋友们听到这个消息的时候，已经是她认定自己"苦尽甘来"的时候了。

大家问她，为何能够在遭遇那么多的变故后还能平静如昔？

她说："我并不平静，我也问过老天，为什么是我？但我知道，这时哀号无益，是我，就是轮到我。"

她在一家投资公司工作多年，她说，过去看到过股票崩盘，在所有专家都看好时，股市忽然重重下跌。这一跌，使她失去了过去十年辛苦工作的积蓄，这曾使她痛苦万分，但若不接受现实，又能怎样呢？不断下挫的大盘指数是现实，不可以逃避，越逃伤得越重，只好断臂杀出，剩下一点存款。幸好她这么做了。

以前看来，那是祸，否则她早已是富婆；现在想来，那是福，使她明白，她必须在最短的时间内采取止血行动。

听她这么说，大家都为自己曾经忽略朋友而感到万分愧疚。

吴淡如说，难道不是吗？我看过欺骗，我看过背叛，我也曾被口口声声说最爱我的人重重地伤害过，然后发现自己固执得很愚蠢。这些事情都曾使我感觉自己像面临世界末日，当时都觉得老天对不起我。我这么努力，自己的所作所为似无瑕疵，为什么还会决断错误，还会这么倒霉？往事不必再细数，然而这些经历让我明白，与其怨天尤人，不如接受现实。告诉自己：是的，这已是事实，那么你想怎么办呢？

唯一的方式只有接受现实，然后想到，自己是不是有能力摆脱开这样的现实。而人生总会在接受现实后，有了新的起点，才会重新开始。

有一位哲人说过，“我希望拥有三种智慧：第一，努力做好自己能够改变的事情；第二，接受自己不能改变的事情，不要为了自己不能改变的事情苦恼；第三，拥有辨别这两种事情的智慧。”

人生有时很残酷，总是充满了变数。如果它给我们带来了快乐，当然是很美好的，我们也就很容易欣然接受，但事情往往并非如此。有时，它带给我们的会是可怕的痛苦，如果这时我们不能学会接受它，反而让灾难主宰了我们的心灵，那生活就会永远地失去阳光。

面对不可避免的事实，诗人惠特曼这样说："让我们学着像树木一样顺其自然，面对风暴、黑夜、饥饿、意外等挫折。"这不是逆来顺受，也不是不思进取，而是一种积极的人生态度。

大方的脑细胞

詹妮芙·帕克小姐是美国鼎鼎有名的女律师，然而她却曾经被自己的同行——一位老资格的律师马格雷先生愚弄过一次，而恰恰是这次经历使得詹妮芙小姐名扬全美。事情是这样的：

一位名叫妮可的小姐被美国一家著名的汽车公司制造的一辆卡车撞倒，尽管当时司机踩了刹车，但不清楚怎么回事，卡车却把妮可卷入了车下，导致她被迫截去了四肢，骨盆也被碾碎。可是在警察调查此案时，妮可小姐却说不清楚自己到底是在冰上滑倒掉入车下的，还是被卡车卷入车下的，因为当时事发突然，她自己也不是很清醒。汽车公司的律师马格雷先生巧妙地利用各种证据，推翻了当时几名目击者的证词，使得妮可败诉。

最后，绝望的妮可向詹妮芙·帕克小姐求助。詹妮芙通过调查发现，该汽车公司的产品近五年来发生的十几次车祸原因竟然完全相同。原来该汽车的制动系统有问题，急刹车时，车子后部会打转，把受害者卷入车底，她终于弄清楚了事故发生的真正原因。

于是詹妮芙对马格雷说：“卡车的制动装置有问题，你故意隐瞒了它。我希望汽车公司拿出二百万美元赔偿给那位可怜的姑娘，否则我们将会提出控告。”

而老奸巨猾的马格雷回答道：“好吧，不过，我明天要去伦敦，一个星期后回来，届时我们再研究一下，作出适当的安排。”然而一个星期过后，马格雷却没有露面。这时詹妮芙仿佛感到自己上当了，但又不知道哪里上当了。当她的目光扫到日历上时，方才恍然大悟——诉讼时效马上到期了！詹妮芙怒冲冲地给马格雷打电话，得意洋洋的马格雷在电话中放声大笑：“小姐，诉讼时效今天就过期了，谁也不能再控告我了！希望你下一次变得聪明些！”

詹妮芙几乎要气疯了，她问秘书：“要多少时间才能准备好这份案卷？”

秘书回答：“需要三四个小时。现在是下午一点钟，即使我们用最快的速度草拟好文件，找到一家律师事务所，再由他们草拟出一份新文件交到法院，那时间上也来不及了。”

“时间！时间！该死的时间！”詹妮芙在屋中急得团团转。突然，她的脑海中闪现出一道灵光：这家汽车公司在美国各地都有分公司，为什么我们不把起诉地点往西移呢？因为隔一个时区就差一个小时啊！

而位于太平洋上的夏威夷在西十区，它与纽约时间差了整整五个小时！对，就在夏威夷起诉！

就这样，詹妮芙赢得了至关重要的几个小时。最后，她以铁一般的事实、雄辩的口才发表了催人泪下的辩护，使陪审团的全体大为感动。陪审团一致裁决：妮可小姐胜诉，汽车公司赔偿妮可小姐各种费用总计达五百万美元！

尽管找寻解决问题的方法很困难，但是只要积极努力地去想办法，方法总是会找到的。工作中也是这样，遇到困难，只要我们积极面对，总会有解决办法。所以，当我们遇到困难时，首先应该树立这样坚定的信念：方法总比困难要多！

比尔·盖茨曾说："一个出色的员工应该懂得：要想让客户再度选择你的商品，就应该去寻找一个让客户再度接受你的理由，任何产品遇到了你善于思索的大脑，都肯定能有办法让它和微软的视窗（Windows）一样行销天下的。"

所以，只要努力去想，解决困难的方法总是有的；也只有努力地、不断地去寻找解决困难的方法，你才有可能成功，才会收获意想不到的惊喜。

你的成功不可复制

一个挑水夫有两个水桶，分别挂在扁担的两头，其中一个桶子有裂缝，另一个则完好。每趟挑运之后，完好的水桶总能将满满一桶水从溪边送到主人家中，但是有裂缝的水桶到达主人家时，却只剩下半桶水。

两年来，他就这样每天挑一桶半水到主人家。当然，好水桶对自己能够送整桶水感到很骄傲。破水桶呢？对于自己的缺陷则非常惭愧，为自己只能负起一半责任感到难过。

有一天，破水桶终于忍不住了，在小溪旁对挑水夫说："我很抱歉。""为什么呢？"挑水夫问道。"过去两年，由于我的缺陷，你只能送半桶水到主人家，虽然你做了全部的工作，却只获得一半的成果。"破水桶说。挑水夫笑着说："不要难过。回主人家的路上时，请你留意路旁盛开的花朵。"

果然，当他们走在山坡上时，破水桶眼前一亮！五彩缤纷的花朵开满路的一旁，一路上芳香扑鼻。这美景使它开心了很多！但是，走到小路的尽头，它又难受了，因为又在路上漏掉了一半的水！破水桶再次向挑水夫道歉。

挑水夫温和地说："你注意到没有？小路两旁，只有你路过的那一边有花，好水桶的那一边却没有花。我知道你有缺陷，因此我加以利用，在你那边的路旁撒了花种，每回我从溪边回来，你就替我浇了一路花！两年来，这些美丽的花朵装点了主人的餐桌。如果不是因为你，主人的桌上就没有这么好看的花朵了！"

人生中，偶遇本不属于你的缘分，是幸运的，就像一颗无意间落入尘土的种子，收获的是一个春天的灿烂和一个秋天的喜悦。若错过了本应属于你的缘分，那是令人悲哀的。错过了的缘分就如同你早早起来，却没有看到日出的绚丽，是多么叫人心碎神伤。

相逢有时候只会在不经意的那一秒。缘分总是悄悄地到来，又默默地与你擦肩而过。如果能够把握住，此生你便不会再有遗憾。偶遇也好，错过也罢，重要的是我们能牢牢把握下一个缘分，好好反思上一个错过。

因此永远不要对生活绝望，即使竹篮打水一场空，仍然有可能收获一条鱼，只要不放弃，希望就在下一个转角处。

当生活陷入低谷的时候，不放弃对梦想的追求，终会收获成功。

十年前，罗琳还是一个默默无闻的女人，为生计所迫，整日奔波劳碌。可现在，她已大名鼎鼎，成了全欧洲家喻户晓的人物。

罗琳现在已是英国一位知名女作家。她父亲是飞机制造厂一名退休的管理人员，母亲是一位实验室的技术人员。

小时候的罗琳是个戴眼镜、相貌平平的女孩，酷爱学习，有点害羞，有时还有点野。她从小喜欢写作，六岁时就写了一篇跟兔子有关的故事，而她的妹妹是她讲故事的对象。创作的动力和欲望，从来没有离开过她。

罗琳热爱英国文学，大学主修的是法语。大学毕业后，她前往葡萄牙发展，后来和当地的一位记者坠入情网。不幸的是，这段婚姻来得快去得也快。

前夫对她很粗暴。后来，由于实在无法忍受这种婚姻，她与前夫分手，带着女儿回到英国，栖身于一间没有暖气的小公寓里。她找不到工作，只能依靠微薄的失业救济金养活自己和女儿。

二十四岁那年，在前往伦敦的火车旅途中，罗琳梦见一个瘦弱、戴着眼镜的黑发小巫师一直在对着她微笑。从此，他闯进了她的生命，使她萌发了创作《哈利·波特》的想法。她天马行空地想象，于是哈利·波特诞生了——一个十岁小男孩，乱蓬蓬的黑色头发，戴着圆形眼镜……哈利·波特成为风靡西方的童话人物。

在开始创作《哈利·波特与魔法石》时，因为自家的屋子又小又冷，罗琳常到附近的一家咖啡馆里写作，把哈里·波特的故事写在小纸片上。她的努力没有白费，很快得到了回报。这本童话书一出版便备受瞩目、好评如潮，为她赢得了一个又一个奖项。

“哈利波特”系列童话书不仅给罗琳带来了巨大的荣誉，还带来了丰厚的财富。英国《星期日泰晤士报》将她评为演艺界收入最高的女性。在英国富豪榜排名上，她比英国女王还有钱。到目前为止，罗琳是英国第九名最富有的女性，不过前八位女性的财富都是通过婚姻或继承而得来的，而罗琳却是英国“白手起家”的最富有女性。

每个人的人生道路都不是一帆风顺的，当遇到坎坷、遭受挫折时，不要灰心，勇往直前，你会得到属于自己的成功。

一位只有五岁的小男孩跟着他的父亲走在加拿大安大略省的一条乡间小路上，前面有一条半米宽的水沟。父亲虽然挑着沉重的担子，但还是轻松地跨了过去，可是尾随在后面的小男孩却无法做到，他站在水沟边看着自顾自往前走的父亲，急得哭了起来。

“怎么了？快点儿跟上！”他的父亲呵斥着。

“我跨不过去！”小男孩委屈地说。

如果父亲空手的话，或许会走过去将那小男孩一把抱过来，但此刻他身上挑着担子，所以并不愿意走回去。“你确定跨不过去？”父亲这样问。

“是的，我跨不过去！”小男孩急得快要哭起来了！

确实，对于一个五岁的孩子来说，那个半米宽的缺口确实不是能够轻易跨过去的。父亲看着站在水沟旁束手无策的儿子说：“你后退几步，再用力往前冲，这样就一定能跳过来了！”

小男孩照做，往后退了几步，然后奋力向前冲去再奋力一跳，果然成功地跳过了水沟，稳稳地落在地上！

等这位小男孩稍长大一些后，他梦想着有朝一日能进入位于美国加利福尼亚的一所非常不错的大学去读书。然而他在念高中二年级的时候，却突然生了一场大病，那场病几乎夺去了他两个月的学习时间，等返回学校的时候，他发现自己的功课糟糕透了，甚至在课堂上完全听不明白老师到底在讲些什么。他再也没有斗志学习了，学期还没有结束就悄悄地溜回了家！

“怎么了？为什么现在回来？”父亲问他。

“我不可能凭这样的成绩实现我的理想，我不想读书了！”他说。

如果他的父亲有足够丰富的知识，或许愿意为孩子补上几堂课，但是他只是一个很普通的工人，根本无法为孩子补课。“你确定再也无法取得好成绩了？”父亲这样问他。

“是的，我再也无法取得好成绩。”他沮丧极了。

“拖了两个月，你确实很难把功课赶上去，但我更相信放弃并不是最好的办法！与其放弃，不如干脆后退一年，等明年重新读一个二年级！”他的父亲替他拿了主意。那之后，中学生就在家里尽量多复习以前学过的功课，在第二年回到了学校里。这样一来，他虽然倒退了一年，但是他的成绩却更加优异了，轻轻松松地考上了梦想中的那所大学。

后来，他在电影领域实现了自己的梦想，《泰坦尼克号》《阿凡达》都是出自他之手。他就是詹姆斯·卡梅隆。

相对于人人都想的“进”，“退”更是一种生存智慧和处世哲学。在动物世界里，狮、虎藏露进退，是为了猎获对象或保护自己。这个道理在处理人际关系时同样适用。有的人只知道乘胜追击，不知道退一步再向前，这会使自己身心疲惫，也很难成功。要懂得，成功的目标往往不是最有价值的那个，而是最有可能实现的那个。

腊梅盛开

我们总是宣称要向成功的方向前进，但是在前往成功的道路上，真正阻碍我们的不是环境的险恶，更不是命运的故意捉弄，而是不断寻找借口为自己的放弃开脱。懒惰的人为掩饰自己的拖延和无所作为寻找借口，作恶者寻找美丽的谎言来遮掩自己的恶行，懦夫抱怨老天爷不眷顾自己。最终，他们在自己编织的种种借口之中葬送了成功的机会。

一位武学家曾经以一双无敌金刚腿令前来与之切磋武艺的人佩服得五体投地，他们用“威震武林”四个字来形容这位武学家的腿脚功夫了得。可是造化弄人，在一次上山采药的时候，武学家不小心跌落悬崖，命虽保住了，但是他的双腿却摔断了！以腿脚功夫威震武林的武学家连站立和行走都成了问题，过去无敌的快腿此时只留下一双空空的裤管。

等到武学家从昏迷中清醒过来时，徒弟们不敢告诉他这个残忍的消息，他们无法想象师父看到一双空裤管时的反应。可是当武学家看到自己的一双空裤管时，并没有像弟子们想象的那样悲伤，更没有捶胸顿足地表达自己的痛苦和埋怨老天爷的不公。他让徒弟把自己扶起来，像过去一样坐在那里练习内功。练完内功，看着一脸茫然的徒弟们，武学家说道：“我想说两件事：第一，以后你们谁还想练习腿脚功夫我还会像以前一样认真教导，只不过无法再亲自示范了；第二，从今天起我要开始练习臂部和手掌的功夫，我相信自己不会因失去双腿而变成废人，你们也不必因为我失去双腿而放弃在武学上的修炼。”

几年以后，这位武学家以出色的掌上功夫赢得了更多人的尊重。当一位多年不见的老友看到他失去双腿而伤心流泪时，这位武学家微笑着对老友说："我把过去的一切都扔掉了，所以能轻松地生活、练武，可是你怎么还让以前的痛苦扰乱久别重逢的兴致呢？"

过去的成功或失败、快乐或悲伤，都已过去。眷恋昨天的阴影就永远看不到明天的阳光，不要在希望来临时还沉浸在以前的悲伤里。须知，记忆是痛苦的根源，过去的一切都让它远去吧，不要让昨天的伤痛影响自己现在的人生。

丑小鸭长得太丑了，所有的鸡、鸭都嘲笑它、排挤它，连兄弟姐妹也欺侮它、看不起它，最后连它的妈妈也不得不劝它走远些。在巨大的压力面前，它被迫离家流浪，几经风险。在野鸭群中，它"尽可能地对大家恭恭敬敬地行礼"，"只希望人家准许它躺在芦苇里面"，没有任何更多的企求。雁对它虽然不错，但不料被猎人打死了。丑小鸭死里逃生，来到一间农家小屋。它忍气吞声地在这里生活了一段时间，不断受到鸡和猫的奚落、排挤。最后它不堪忍受，独自来到心驰神往的大自然当中。秋天到了，丑小鸭看到一群南飞的天鹅，从此再也无法忘记这些美丽的鸟儿。冬天到了，天是那么的冷，丑小鸭几乎被冻死在冰冷的湖边。又是一个美丽的春天，它又看到了那些美丽的鸟儿。经过激烈的思想斗争，丑小鸭抑制不住内心的向往，决定不顾生死飞向美丽的天鹅。然而，这时水中映出的不再是只丑陋的灰色鸭子，而是一只美丽、洁白的天鹅。

只要你是天鹅蛋，终究会变成白天鹅的，曾经的丑陋、屈辱、卑微都会变成生活的历练。但是，很多时候人并没有丑小鸭那样顽强的毅力，能够在同伴的排挤、嘲弄中，能够在孤身一人的寂寞中顽强地生存下来。往往在你还没有变成白天鹅的时候，已经以丑小鸭的样子死去。

有一名建筑师，在一次施工中意外地遇上塌方事故，虽然他有幸保住了性命，却失去了两条腿。

一想到自己将永远无法行走，他就感到很绝望。后来，他竟趁家人不注意，偷偷吞下一整瓶镇痛药片。幸亏家人及时发现，将他送入医院进行抢救，才挽回了他的生命。但是，他仍萎靡不振。

有一天，市艺术展览馆为一位残疾画家举办一次画展，家人决定陪他前去参观。在展览大厅的一角，他被其中一幅水彩画深深地打动了：面画上是一片金色的海滩，上面搁浅着一条老船；在它那瘦骨嶙峋的筋骨上，刻满了岁月的沧桑；那稍稍倾侧的船体下，只有一小洼清水。然而，画面上却写着一行非常有力的字：“相信吧，潮水会回来！”

从这幅画中，他感到有一股无形的力量在震撼着他，他的眼睛湿润了。他非常想拜见一下画的作者。之后，他从展室管理员那儿了解到一些作者的情况。原来，这些画作都是出自一位年逾七旬的残疾老者之手。早在十多年前，那位老者就因患上进行性运动神经疾病卧床不起。但是，这么多年来，他一直在坚持与病魔抗争。

这名建筑师再一次被老画家的精神感动了，让家人陪他去拜访那位老者。

当他来到那位老者的家里时，老画家正躺在床上，用两个枕头垫着后背，守着画板做画。然而，在老者那枯瘦的面孔上，看不到丝毫痛苦的神情。老者放下画笔，热情地和他打招呼，两人一直谈笑风生。

在交谈中，他坦诚地对老者说：“见到你之后，我忽然开始为自己以前的怯懦而感到羞耻。”

告别之时，老画家把那幅《迎接潮水》的画作送给了他。

后来，他设计了许多有名的建筑，成为一名十分出色的建筑设计师。

苦难让我们深感痛苦与忧伤，苦难让我们变得贫乏、孤单、

力不从心，苦难使得我们受尽折磨，但是上苍借苦难给予我们的恩赐也是最丰盛的。倘若没有了苦难，人生就会变得肤浅甚至贬值；没有经受风雨的洗礼，生命的大厦便显得单薄、易摧。有一句名言说，“冠军的桂冠从来都是用荆棘编成的”，真正的苦难会使人变得冷静而深邃，并且一步步地走向成熟。

不在意

面对生活中发生的很多事情，我们要抱着“无所谓”的态度来对待。无所谓不是不负责任，而是一种豁达的姿态。因为你感到的所谓困窘的事，别人也许根本就没有那么多闲心去关注，所以不必放在心上。不要太在意别人的想法，走好自己的路是最重要的。

人降临到这个世界上来，首要的问题就是生存。要生存，就必然会遇到竞争；有竞争，就会有压力。所以，只要活着，就注定要承受各种各样的压力，如升学、就业、结婚等，不胜枚举。要想在日趋激烈甚至残酷的生存竞争中立于不败之地，只有勇于正视压力，并学会承受压力。

运动员为了增强腰部和下肢力量，常在教练的指导下做一种压杠铃的负重练习。通过反复练习压杠铃，腰部和下肢力量会迅速增强，奔跑的能力会突飞猛进。不过，杠铃的重量一定要适当，轻了没什么效果，重了运动员会受伤，而且杠铃重量的增加要循序渐进、因人而异。

杠铃就像我们生活中所背负的压力，适当的压力能锻炼个人能力，促进个人的发展和进步。但压力过度，突破了身体极限，就会使人身心受损，得不偿失。

关于快乐和不快乐，每个人都有自己的理由。

有的人工作轻松、自由、压力小，但职位有点低。如果他想感到快乐，眼睛就不能老盯着职位低不放，而应该多想想——自己多自在啊！

有的人职位很高，但压力大、不自由。如果他想感到快乐，眼睛就不能老盯着不自由、压力大不放，而应该多想想——自己的职位是多少人梦寐以求的。

老天爷不可能把什么都给你。有快乐，就有不快乐。如果紧紧抓住不快乐的理由，忽略了快乐的理由，这就是你总是不快乐的原因了。当你感到实在无法承受的时候，要及时地给自己减压。

有人经常会说：“活得太累了！”

活得累的人很少有幽默感，因为他不敢更不会放松一下自己；活得累的人身上就像穿着一件厚重的铁衣，不能活动自如，压在身上如千斤重；活得累的人就像戴着一副面具，在人前谨小慎微，在人后愁眉苦脸。

既然“活得累”是件很痛苦的事，既然生命又是那么宝贵、那么短暂，那么就让我们换一种活法，活得轻松、幽默一点吧，享受生活中的阳光，把阴影抛在身后。

英国富翁克拉克在五十岁那年把财产全花光了。无奈之下，他只得又去经营、去赚钱。不过没多久，他又赚了很多钱。大家很奇怪，问道:“你的运气为什么总是这样好呢?”

克拉克回答说:“这不是我的运气好，而是我有秘诀。”

大家急切地说:“可以把你的秘诀说出来让大家分享吗?”

克拉克笑了:“当然，这个秘诀其实很简单。你知道，我是一个乐观主义者，无论发生什么事情，我从来不持悲观态度，即使人们对我讥笑、嘲讽。而且，我还喜欢把快乐带给他人，这样我总是能够成功。我相信，一个人如果经常积极向上、心情愉快，就一定可以获得成功。”

生活是公平的，没有绝对的幸运儿，更没有彻底的倒霉鬼。你有你的不幸，他有他的烦心事；别人有好机会，你也会有好运气，所以不要把自己想得那么悲惨。

生活在这个世界上，人们每日为生计操劳，要去处理各种各样的事，要与各种性格的人相处，那么谁能保证你所碰到的事都是好事，你所相处的人都是谦谦君子呢?

所以，不要让自己一直生活在紧张、压抑之中，别活得那么累。必要的时候，让自己放松一下，活得轻松一点儿。更何况，大千世界，芸芸众生，别人也许并不在意你。

在工作和生活中，有些人做事时犹豫不决，其实并没有什么让他为难的事，只不过他太在乎别人的评价。比如，参加公司聚会时佩戴什么样的首饰，首饰太一般了会不会被别人瞧不起；丈夫长相太普通了，还是别带他参加公司聚会了；说丈夫失业不太好，还是说他是自由职业者吧……

其实，当你想象别人对自己的评价时，有没有意识到：别人真的在意你吗?

张原来在一家IT公司的技术部门做主管，后来因为业务需要被调到了售后服务部。他的新职位没有原来的部门地位高，于是他老担心别人会有什么想法。

有一天，张在公司遇到了一个原先的客户，客户问:“你不做主管啦?调到哪儿去了?”张回答:“不做了，调到售后服务部去了。”客户说:“好啊，祝贺你!”张笑笑说:“有时间去玩呀!”然后两人告别，各忙各的。但他心里却有一丝酸楚，觉得这个客户是在笑话他。

没多久，张在公司恰巧又碰到了那位客户，客户又问：“听说你不做主管了，调哪儿去了？”他只得把以前说过的话又重复了一遍：“我调售后服务部了，有时间来玩啊！”

回到办公室，张心里突然亮堂起来，好像一下子就醒悟了：自己老担心别人在背后说自己什么，整天把自己当回事，而别人却早把自己忘得一干二净了。于是，他放下心结，和同事们一起聚会、聊天，依然是那样热情、真诚。

其实，很多人的烦恼都是自找的，只是自己杯弓蛇影地自恋和自虐而已。那些担心和疑惑只是自己内心的猜测，在别人心中其实一点儿都不重要。

生活中还可能会发生这样一些尴尬之事，比如无意中说了不得体的话被他人误会了，早晨上班太匆忙衣服穿反了，餐厅里地滑不小心摔了一跤等等，完全不必耿耿于怀，更不必向所有人去解释。因为事情过去以后，没有人还有耐心去关注这些小过失或疏忽。你还念念不忘，可别人早已忘记了。也就是说，不要太把自己当回事了。反过来问问自己，如果这些失误或尴尬发生在别人身上，你会时时惦记吗？你对别人的言谈举止真的就那么关心，甚至超过关心自己吗？

人生苦短，长夜漫漫。人们连自己的事都处理不过来，哪还有闲心去关心别人的无聊之事。一般情况下，只要你没有对别人造成伤害，没有损害到别人的利益，大概没有人会太在意你的失误或尴尬。也许当第二天的太阳升起的时候，只有你自己还在耿耿于怀，而别人早就什么事都忘记了。所以，要明白，在别人的心中，你并没有那么重要。

第十一章

舍得吃亏，得幸福

吃亏的时候，忍一忍。

好比良药苦口，幸福会苦尽甘来。

吃的不是“亏”

在生活中，一个能够吃亏的人往往有着更远大的志向。他们不会沉陷在争斗中斤斤计较，也会不局限在狭隘的自我思维中郁郁寡欢。

郑板桥被誉为“扬州八怪”之一，他心胸宽广，能够做到不以物喜，不以己悲。他的诗、书、画艺术精湛，号称“三绝”。他在创作过程中能把诗、书、画三者巧妙地结合起来，独创一格，从而达到一种全新的艺术境界。这让他在精神上有所寄托，心情豁达而开朗，而且结交了很多朋友。

这一切都源自他舍得“吃亏”。在官场上，他非常爱护百姓，曾经因为在灾荒之年为灾民赈济而触犯了上司，最后被罢官回乡。可是，郑板桥并没有因此而和上司斤斤计较，也不为官场失意而闷闷不乐，而是骑着驴悠然回到故乡，从此专注于诗、书、画。后来他因书画而闻名于世，很多人为了他的墨宝而登门造访，这些人中也包括他昔日的上司，而他最终也和上司成为朋友。

在生活和工作中，收获与付出相伴而行，却不可能总是对等，自然会有得有失，既不会有全得，也不会是全失，而是得中有失、失中有得。吃亏则是收获与付出之间的平衡，是得与失中的理性。

郑板桥因为灾荒之年赈济灾民而在官场上吃了亏，但他并没有计较这样的亏，而是专心于自己的书画，从而让自己在书画上扬名于世，得到世人的尊敬，与其说是吃亏，还不如说是占了便宜。

在现代工作和生活中，“吃亏是福”尤其适用。克林顿在面对个人名誉的得失时曾说过：“如果我每读一遍对我的指责，就作出相应的辩解，那我还不如辞职算了。如果事实证明我是正确的，那些反对意见就会不攻自破；如果事实证明我是错的，那么即使有十位天使为我辩解也无济于事。”由此可见，“吃亏”往往不是真的有损于己，更多的只是一种工作态度。

“吃小亏，可以获大利。”国外某知名品牌驻武汉办事处主任伊森总结自己多年的工作经验时，得出这样一个结论。当年，他和三个朋友进入同一家公司工作，现在他是他们的上司。

与许多大企业一样，伊森所在的公司分工精细，每个人只完成一个细节就可以了。由于对本细节之外的领域完全没有机会接触，员工在公司工作久了，就会遇到接触面狭小、平台太窄的问题。

为了得到更多的锻炼，伊森本着“吃亏是福”的信念，在完成自己本职工作后，对部门的其他工作也非常尽心尽力，总是主动找事情做，巴不得加入到每一个环节的工作之中，甚至主动要求为其他部门加班。他说:“我还主动给设计部的女同事买汉堡包，以此‘贿赂’她们让我们加入。”

这个时候，其他人认为伊森太傻了，工资就那么点，凭什么要给公司做这么多工作呀，他们宁愿把更多的时间用在看电影、玩游戏上。渐渐地，伊森如愿以偿地学到了自己想接触的东西，而且赢得了上司的青睐。如今，伊森的年收入已经达到七位数，而其他人生怕吃亏，总是上班混点下班娱乐，到现在仍然过着和当年差不多的生活。

初入职场，伊森化被动为主动，愿意主动承担起更多的工作，多帮助别人完成他们的工作，看起来他是吃亏了，但是他却学到了全面的技术和更多的经验，而且赢得了同事的爱戴，最终转“亏”为“福”。

因此，在社会交往中，在顾全大局的前提下，我们不要斤斤计较，更不要患得患失，吃亏一下也无妨，这样既丰富了自己，又赢得了别人更多的尊重，进而在交往的过程中更加如鱼得水，何乐而不为呢?

你好，我就好

在现实生活中，总是有些人不肯吃一点亏。在他们眼里，吃亏是一种被人利用的表现，而永远不吃亏才是好事，是上天的恩赐。因此只要一见到好处，他们就巴不得全部占为己有，一见到坏处就恨不得全推给别人。这样的人是很难交到朋友的。

很久以前，在水城威尼斯有个手艺精湛的鞋匠，他有个活泼热情的妻子，妻子最爱干的事就是出门参加宴会，因为她喜欢跳舞，喜欢交友，喜欢宴会的气氛。可她的丈夫很爱吃醋，总是想办法阻止她去参加宴会。有一天，丈夫送了她一双鞋，并对她说："我不想再为宴会的事和你争吵，不如这样，你只要每次宴会都穿我做的这双鞋，我就同意你去。"妻子说："好，就这么决定了！"

妻子打开鞋盒，看到的是一双跟部又细又高的皮鞋，她从来没见过这么奇怪的鞋，穿在脚上，走路歪歪扭扭、摇摇晃晃，好像随时都会跌倒，可为了和丈夫赌气，妻子还是穿着这双鞋去了当晚的舞会。

没想到，这双鞋让妻子成了晚会的主角，高跟鞋使她看起来个子更高、身材更苗条、姿势更美，所有女人都向这位妻子询问在哪里可以订到这么美丽的鞋子，这一晚妻子不但成了威尼斯最有名的妇人，也为她的丈夫带来了大批订单，这就是现代高跟鞋的由来。

妻子穿上了奇怪的鞋，连路都走不稳，眼下看似吃了亏，可是偏偏是这一双让她走不稳路的高跟鞋，让她成了晚会的主角。丈夫给了妻子参加宴会的机会，同时也为自己迎来了大批的订单。生活中，吃亏的不一定是坏事，如果互不相让，失了和气，丢了快乐，若各退一步，能忍能让，把好处让给对方，就会有数不尽的快乐。

春秋时期吴国人季札是一位非常贤德的人，他气宇非凡、远见卓识，在与人交往时总是不计较个人的得失，把好处让给别人。在《史记》里，司马迁赞美季札是一位“见微而知清浊”的仁德之人。

季札是吴王寿梦的四子，当初寿梦觉得四个儿子当中，季札的德行才干最足以继承王位，所以一直有意传位给他。但是季札认为自己上面有三个哥哥，始终不肯受位，坚持把王位让给了哥哥，其厚德感动了吴国人。

有一次，季札奉命出使徐国，顺便到老朋友徐君的家中拜访。

他随身带着一把非常精美的佩剑，是吴国国君为他出使而特意准备的。徐君非常喜欢他的佩剑，可是又不好意思开口。季札看在眼里，记在心里。

出使任务完成以后，季札一直记得徐君喜欢这把佩剑，便打算将之送给徐君。可是事与愿违，还没等季札回来，徐君就暴病身亡了。季札非常悲伤，于是把那把佩剑放在徐君的墓前。

随从非常奇怪地问季札："徐君已死，你做什么他都不知道了，你又何必浪费一把剑呢？"

"这不是浪费。"季札回答道，"徐君在世时，十分喜爱这把剑，我当时就想等我出使任务完成以后送给他。虽然他去世了，现在已经看不到这把佩剑了，但是我也一定要把剑送给他。"

这件事慢慢传开了，大家都认为季札是个重情意的人，于是楚、徐等国的很多贤能之士都不远千里来和他结交。他们和吴国人一样将季札如众星捧月般拥戴着，季札虽无君王之名却有着君王般的待遇。

徐君人已经死了，季札完全可以不牺牲那把剑，但是他并没有那么做，仍然把剑送给了徐君。表面上来看季札是吃亏了，但是他把好处让给了别人，却因此得到许多贤能的朋友。损失了一把剑换来了很多的朋友，值！

在生活中，我们一定要做聪明的人，千万不要吝啬，要懂得

吃亏，舍得把好处让给别人。只有这样，我们才会获得别人的尊重，拥有更多的朋友。

主动买单

“被动吃亏”是指在未被告知的情形下让别人占了自己的便宜，且被动吃亏很可能会触及你的底线。也许你不太情愿，但形势如此，也只好用“吃亏就是占便宜”来自我宽慰。

而“主动吃亏”指的是主动去争取“吃亏”的机会，这种机会是指没有人愿意做的事、困难的事、报酬少的事。这种事因为无便宜可占，因此大部分人不是拒绝就是不情愿，你主动承担了，自然会受到人们的感激和钦佩。

在生活中，我们常常听到一些老人教育后生晚辈：“不要总想着占别人的便宜，在别人面前主动吃一些亏，会让你们收获更多。”然而，一些后生晚辈却对此充耳不闻，结果导致自己在人际关系中四处碰壁。

下面，我们来看一个例子。

卡米尔是一家汽车公司的网络编辑，她这个人最害怕的就是吃亏，尤其是在工作上。做完自己的工作后，她宁可坐着休息也不肯帮帮周围忙得晕头转向的同事们，下班比谁都走得早，同事们很不喜欢她。

有一天下午，公司要发紧急通告信给所有营业处，而公司的文员正好请假了，所以办公室主任抽调了一些员工包括协助。卡米尔对此很不以为然，认为这不是自己的工作，做了岂不是吃亏了，便有些不高兴地说："凭什么要我去？再说了，我到公司来不是做套信封工作的，我不做。"说完她依然准点下班了。

听了这话，办公室主任面带不悦地抱走信封，带着其他人整理去了。可以想象，热火朝天的加班场面中，只有卡米尔的位子是空的，这让同事们心里很不平，把平时对她的怨言通通一吐为快，而这些话恰巧被经理听到了。

第二天，卡米尔被叫到了办公室，经理很认真地说："既然你觉得帮同事做一些事情、帮公司处理一些事务自己吃亏了，那么请你另谋高就吧，我们这里不欢迎你！"就这样，卡米尔失去了工作。

拿破仑·希尔曾经说过："自觉自愿是一种极为难得的美德，它能驱使一个人在不被吩咐应该去做什么事之前，就能主动地去做应该做的事。"

鉴于此，我们不要因不肯吃亏从而被动地吃亏，而要发扬主动率先的精神，变“被动吃亏”为“主动吃亏”。这样，虽然吃了点亏，却拥有了更多的朋友，人际关系会变得更好、收获会更多。

吃亏是福，吃小亏得小福，吃大亏得大福，学会主动去吃亏吧，何必为了一点利益而与别人斤斤计较呢？这样不仅得不到利益，而且显得自己太没有风度，岂不是捡了芝麻丢了西瓜？

在朋友面前，只有主动吃亏，才会让朋友认为我们是个宽宏大度的人，而不是斤斤计较的人。那么，日后别人在我们面前也会主动吃亏，不与我们斤斤计较，这样我们和朋友之间还会有什么摩擦和矛盾呢？

陈轩与文硕是多年的邻居。有一天夜里，陈轩想使自己家的院子更宽敞一些，于是偷偷地将隔开两家院子的篱笆墙向陈家移了五尺。不巧，在移墙的时候，正好被文硕看到了，但文硕没有说什么，更没有声张。

等陈轩回到自己的屋里后，文硕将篱笆墙又往自己这边移了一丈，使得陈轩的院子更宽敞。陈轩知道后，觉得非常惭愧，连忙向文硕道歉，不但还了占文硕家的地，而且将篱笆往自己这边移了一丈。

因为文硕主动把篱笆墙往自己这边挪了挪，在陈轩面前主动吃亏，结果让陈轩在惭愧之余又很感动。以后，文硕家里有什么事情，陈轩都会主动上门帮忙。最后两家将篱笆墙拆了，关系比以前更加和睦了。

正是文硕的主动吃亏，让陈轩感到非常惭愧和感动，他觉得欠了文硕一个人情，不但将地归还了文硕，而且文硕家里无论有什么事情他都会主动帮忙。这样，两家的关系不仅没有因为此事变坏，反而更好了。试想，如果文硕看到陈轩偷偷地往自己这边移院墙，自己也把院墙再挪过去，或者和陈轩吵架，甚至大打出手，那么他们之间的关系还会那么和睦吗?

在朋友面前吃点儿亏，是值得的。主动吃亏，主动把利益让给朋友，哪怕日后会一无所获，但最起码我们获得了友谊，与那些身外之物相比，还是收获了很多。

流动的细水

当我们在与人合作做生意的时候，不要斤斤计较，不要吝啬自己的利益，要懂得吃亏，因为只有能够吃亏，才能得到更多的利益，赢得更多的合作伙伴，也才能让我们的事业越做越大。

在现实生活中，如果我们总是盯着眼前的利益不放，认为能赚一块是一块，只要有利益就据理力争，迫不及待地跳出来占有它，那么别人在与我们合作一次之后，就再也不想与我们继续合作了，最终将导致合作伙伴一个个离我们而去，让自己的路越走越窄。

金华建筑公司急需一大批黄沙，与剑锋建筑材料公司签订了一份合同，合同写明金华建筑公司向剑锋公司购买黄沙三十车，每吨三百元。让他们万万没有想到的是，合同签完不久，黄沙就涨价了，每吨涨到三百五十元。

剑锋公司的老板认为如按合同的规定发货，那么公司就不能赚取更多的利润，于是要求金华建筑公司提高价格。但是，合同已经签订，金华建筑公司当然不同意涨价，强烈要求按照原价发货。

可是，剑锋公司的老板不肯吃亏，开始从车上打主意，以获取公司最大的利益。他发现在合同中只写明三十车黄沙，但是并没有写明是什么型号的车和每车的黄沙重量。按照行规，合同中的“车”普遍是以大型卡车作为计量单位，每车十吨黄沙。于是剑锋公司钻了合同的漏洞，用小型卡车为计量单位给金华公司发了货。

由于合同规定不明，所以金华公司没有办法，只好认栽。但是，剑锋公司在行业内也因此而“成名”，行业里所有人都知道剑锋公司为了不吃亏居然破坏合同，所以都与之断绝了合作关系。很快，剑锋公司就倒闭了。

在上述事例中，刚签完合同黄沙就涨价了，按说合同已签，剑锋建筑材料公司就应该按照合同办事，但该老板不舍得吃眼前亏，一会儿要求金华建筑公司提高价格，一会儿又在卡车型号上动心思，结果得罪了客户，让自己在行业内臭名昭著，影响了以后的生意。剑锋公司的倒闭不足为奇，甚至可以说在情理之中。为了多赚一点钱，弄得名声败坏、众叛亲离，剑锋公司真是因小失大！

虽然经商的目的是为了赚钱，但如果眼睛总是盯着眼前的利益不放，那么我们就会因为一些蝇头小利而得罪客户，也会因此阻断人脉，切断财源。

为什么不学着吃亏呢？面对眼前利益时，不妨多让让对方。要知道，即使我们一次挣再多的钱，也不如上百次挣少一点的钱，积少成多，细水长流。

中国温州的商业非常发达，温州商人有着非常聪明的头脑和非常特别的经营生意之道。在他们看来，做生意看重的是长远，钱是赚不完的，因此，要舍得眼前利益，能够吃亏，为自己留下良好的口碑和信誉。

温州人在和别人做生意的时候，如果能赚十块钱，他们就赚六块钱，剩下的四块让利给对方。这样，当别人有什么生意的时候，首先就会选择与他们合作。合作的人越来越多，他们的利润也就能积少成多。

温州人的思维和一般人不一样，他们愿意自己主动吃亏。而往往就是因为他们的吃亏、他们的让利，从而结交了朋友，成就了自己。

我们在生活中也是一样，不能因为蝇头小利而不肯吃亏，应该把眼光放长远，暂时吃一下亏。从长远来看，我们保住了自己的人脉，保住了自己的财源，其实自己并没有损失，还会因此而受益。

改革开放之初，商品流通还比较落后。陈正光和两个朋友到宁波把买好的东西装上轮船以后，突然碰到一个自称是桃花岛的人，对方说他现在有非常好的鱼干。这时陈正光他们手里还剩下几万元钱，于是就决定从他那儿进货。

陈正光他们把所有的鱼干都买了下来，一共四千多斤，钱付完后陈正光突然觉得分量不够，于是就重新称了这些鱼干，结果发现本来四千多斤的鱼干只有一千九百斤。一次生意就被人骗了两千多斤，两个朋友无法接受，但是陈正光却想得很开。

后来，陈正光再次进货的时候，又遇到了那位自称是桃花岛的人，他继续从他那里进货，却绝口不提上次吃亏的事。那个人非常感动地说："我上次称错了，让你们吃了那么大的亏，真是不好意思，这次我给你补回来。"

后来，他们成为长期的合作伙伴，有什么新的货品时，这个人总是第一个告诉陈正光。由于有最快的讯息，陈正光的每一笔生意都能挣到钱，事业越做越大，最终成为宁波大世界集团有限公司的董事长。

在生意场上，有时候我们就是要难得糊涂，重视长远发展，在利益面前不要斤斤计较，舍得吃眼前亏，那么就会有更多的人愿意与我们长期合作，这样的买卖也就绝对不会是一锤子买卖。

当今社会，当我们与人合作的时候，也应该糊涂一点，对待别人不要那么精明，要保持一种吃亏是福的心态，不在乎吃眼前亏。只有舍得吃亏，才会有更多的人愿意和我们打交道，愿意和我们交朋友，我们才会获得良好的人际关系，在社会上也才能更好地立足。

无亏不福

人们常说无亏不福，这是因为，不能吃亏的人在是非纷争中过于精明、锱铢必较，只局限在“不亏”的狭隘自我思维中，这种心理会蒙蔽其双眼，束缚其心灵。而吃亏换来的却是心灵的平和与宁静，那么无疑将有助于我们获得人生的幸福。

东汉时期，有一个很有名的官员叫甄宇，任太学博士。他为人忠厚，遇事谦让，人缘非常好。

有一年年底，马上就要过年了，皇上赐给群臣每人一只番邦进贡的活羊。具体分配时，大家都犯了愁：因为这批羊有大有小、肥瘦不均，谁也不愿意要那个又瘦又小的羊，所以很难分发。

于是，大臣们纷纷出谋划策：有人主张把羊杀掉，肥瘦搭配，人均一份；有人主张抓阄分羊，好坏全凭天意。大臣们就如何分羊而在朝堂上像无头苍蝇一样炸开了窝，大家你一言我一语，争论不休，即使这样也没有争论出个结果来。

这时，甄宇说话了：“分只羊有这么费劲吗？我看大伙儿随便牵一只羊走算了，我先来牵一只吧。”他走近羊群，左瞅瞅，右看看。有人心里犯了嘀咕：这家伙肯定要挑一只又大又肥的。结果出人意料的是，甄宇瞅了一会儿，牵了其中最瘦最小的一只，然后潇潇洒洒地回家过年去了。

见甄宇如此肯吃亏，大家你看看我，我看看你。那些不计较的人也像甄宇一样，牵起较小的羊便走；那些想计较的人也不好意思争执了，反而你谦我让起来。最后，每个人都高高兴兴地牵着一只羊回家去了。

甄宇牵小羊的事情传到了当朝皇帝的耳中，于是他提拔甄宇为太学博士院院长。后来，这件事情又传遍了洛阳城，人们纷纷赞扬甄宇，还给他起了个绰号，叫“瘦羊博士”，论待遇、分财物时都会以甄宇为榜样。

正所谓“吃亏是福，凡事让三分”，只要我们懂得吃亏，懂得谦让，不与别人争名夺利，那么自然会赢得别人的爱戴和尊敬，这样福气也就自然会降临在我们的头上，最终让我们名利双收。

在日常交际中也应该如此，在朋友面前我们要舍得谦让、舍得吃亏，这样才会让朋友更加尊重我们，而朋友有什么有利的事情自然也会想到我们。与其说我们是在吃亏，还不如说是在为我们自己积福。

正如古人所言，用争夺的方法，你永远得不到满足；但是如果用让步的方法，你可以得到比企盼更多的东西，这就是“吃亏是福”真正的意义所在。坦然地面对吃亏，这代表了一种境界、一种给予、一种忍让、一种厚道，更是一种睿智，这是面对利益得失的平静，是审时度势的大气，是带有亲和力的大智若愚。

这样的人看淡了那些琐碎的利益纠葛，看淡了那些眼前的机会和好处。当大家都在喧嚣中争夺时，他其实已经洞穿了所有人的心思，而自己不为所动，结果换来了朋友们的尊敬和拥护，换来了一片和谐的生存环境。

刘斌原本是某单位一名负责统计业务量的统计员，结果不到五年的时间就晋升为部门主管。这除了因为他工作认真踏实、待人接物真诚率直之外，还在于他总是能够心平气和地“吃亏”。

逢年过节的时候，单位领导总会给员工们发放东西。无论是什么，刘斌从来不会挑好的东西留给自己。有时候分的东西少了，他还会说：“没关系，你们都拿走吧，下次再给我。”

单位有一次出国培训的机会，同事们都不惜代价要争取到这个名额，甚至不惜私底下互相打小报告，制造小道消息。唯独刘斌不为所动，即使自己有机会争取，也笑着让别人优先享受那份所得。

渐渐地，刘斌简直成了老好人的代名词。在办公室甚至整个公司，大家都知道他是个好脾气、很大度的人，不跟别人计较长短得失，更不会和别人大吵大闹，因此大家都比较喜欢和他做朋友，这就为他的晋升打下了坚实的群众基础。

与其为了争名夺利搞得自己愤世嫉俗，不能安心工作和生活，还不如看淡一些，舍得吃亏，那么我们的心就将得到自由和安宁，快乐生活每一天。如此一来，你想结交很少朋友、做很多事情都不再是难事！

的确，“吃亏”也许是指物质上的损失，但是一个人的幸福与否却往往取决于他的心境如何。如果我们用外在的东西换来了心灵上的平和，那无疑是获得了人生的大福气，这便是值得的。

小亏，大福

在现实生活中有很多人不愿吃亏，遇到麻烦就躲着走，但是到最后反而会吃大亏，正所谓“捡了芝麻丢了西瓜”。其实，如果要想顺利解决这些小事，办法只有一个——退一步，吃小亏。

王明与李新是对门邻居，这天，不知道哪里来了一只鸭子在两家的路中间下了一个鸭蛋。王明恰好看见了这枚鸭蛋，当他正要伸手拾起来时，李新恰好也出门办事，上前就说：“这是我家鸭子下的蛋，凭什么你要拿？”王明很不服气地说：“凭什么说是你家的鸭子下的？明明是我家的鸭子下的！”两人便你一句我一句地争吵起来。李新见自己吵不过王明，于是伸手给了李新一巴掌。王明见自己吃了亏，于是跑回家拿了把剪子，回头冲出去就捅了李新一剪，结果李新当场身亡，王明被判终身监禁。在看守所中，王明对自己的做法很后悔，因此自寻短见，一命呜呼了。

还有一个故事：

一个人到市场上去买菜，其间和卖菜的商贩讨价还价，商贩却不同意。一番争执之后，小商贩终于同意优惠一些。但是当这个人选好菜，正要付账的时候，商贩却依然照原价收钱。此人见小商贩少给了他一元钱，就一肚子火地与之争论起来。小商贩说：“你愿意买就买，不愿意买就走。”这个人一听就火冒三丈，于是把菜用力往地上一扔，说：“我还就不买了，你能怎样？”小商贩见状立刻冲上前去让这个人把菜捡起来，可他硬是不捡，小商贩此时也是怒火攻心，便用力踩了这个人一脚。这人觉得自己吃了亏，随手拿起菜摊上的秤砣砸向小商贩的脑袋上。结果小商贩当场晕倒，被送入医院，家属立刻报了警，这人只好乖乖地赔偿了几万元的损失。这个人原本只想贪图一元的便宜，却没想到吃了大亏。

这两个例子中的主人公都有一个通病，那就是目光短浅，太看重眼前利益。像王明和李新，只要任何一个人肯让一步，吃点小亏，也不至于断送两条人命；而那个买菜的人和小贩如果有一个人肯吃一块钱的亏，那么也不会发生那场惨剧。

吃亏让步，并非弱者，而是智者。俗话说得好，忍一时风平浪静，退一步海阔天空。生活中，害怕吃亏，总是斤斤较量，为一点蝇头小利就与人争得面红耳赤，又怎么会过得幸福呢？

第十二章

舍得繁杂，得轻松

如果身材臃肿，衣物装饰越多，
越是繁杂负累，没有美感。
当下最要紧的就是瘦身、瘦心，
简单轻松，享受生活！

繁杂是杯酒

老子在《道德经》一书中说道：“祸莫大于不知足。”这句话的意思是，一个人最大的坏处就在于不知足，教导人们学会知足。孟子曾经说过：“养心莫善于寡欲，其为人也寡欲，虽有不存焉者，寡矣；其为人也多欲，虽有存焉者，寡矣。”这段话说的也是知足常乐的道理。人活在世上，都要先学会知足。一个人如果不懂知足，就会远离幸福。虽然这个道理很好懂，却少有人能做到。

我们在一生中，会有许许多多的追求、许许多多对未来的憧憬。每个人都渴望追求真理，追求自己理想中的生活，追求梦幻的爱情，追求成功、名誉与地位。在追求的过程中都会有所收获，在不知不觉中进步、成长，但应当明白的是，有些追求是我们必需的，有些则是我们完全用不着的。那些用不着的东西，除了满足虚荣心外，很可能会变成我们的心理负担。

古人有句话叫“大道至简”，翻译过来就是说“越是真理就越简单”。陈省身先生是著名美籍华裔数学家，他有一个很有趣的“数学人生法则”，即数学的一个重要作用是“九九归一，化繁为简”。智者所说的简单，并不是指内容的贫乏，而是一种繁华过后的深刻觉醒，一种去繁就简的人生境界。这个简单的过程其实是一个使人觉醒的过程。大道至简，一个幸福的人生一定是去繁就简的人生，是一个懂得节制自己欲望的人生。

不论是财富还是情感，抑或是其他欲望，都应该做到把握有度、适可而止。要知道，贪欲过多，是失败的根本。很多人总会想要很多，如果得不到自己想要的，就会一直去想那些没有拥有的，总是有一种不满足感。即使已经拥有了想要的，得到了心中所想，还是高兴不起来，因为又产生了新的不满足感。

有位心理学家调查研究后发现：最普遍的和最具破坏性的倾向之一，就是集中精力于我们所想要的，而不是已经拥有的。人们好像对到底拥有多少并不在意，仅仅只是不断地扩充自己的欲望名单，这就导致永远都不满足。人们总会在心里说：“当这个欲望得到满足时，我就会变得很快乐。”可是一旦欲望得到满足后，这种心理作用却不断循环往复。因而，幸福也变得越来越难得，甚至成为遥不可及的梦。

幸福其实很简单：不要勉强自己去做别人，做好自己，知足常乐即可。知足常乐并不是让我们安于现状，而是看待事物发展的一种心态。“止于至善”这四个字说的是人应该懂得如何努力，从而达到自己理想的境地，知道自己该在什么位置才是最好的。只有知足常乐，找准自己的定位，才不至于好高骛远，把自己弄得心力交瘁。

知足是一种处世态度，而常乐是一种释然的情怀。所谓知足常乐，其实贵在调节，如能做到，就能收获良好心态，我们的内心自然也就充满和谐、宁静、舒适、真诚。

知足常乐，这种心态对于奋力向前的人们来说，是一个宁静与温馨的避风港。休憩整理后继续前行，来源于自身平和的不竭动力。如果一个人真的能够做到知足常乐，便会更加从容、更加豁达。

人如果贪欲过多，即使拥有再多也无法得到满足，这其实与一无所有毫无差别。他们所拥有的是痛苦的根源，而并非幸福。而那些懂得知足、懂得节制欲望的人，才是真正富有的人。

你会笑吗

古语有云：“世人厌平常而喜新奇，不知言天下之至新奇，莫过于平常也。”一个人的生命再光彩炫耀，也总会死亡。平常心，就是能看透这由生向死之路的平和心态。在无尽辽阔的宇宙面前，人类是那么渺小，而生命就好像流星一般短暂。每个人都将消逝在时间的洪流中，不管你是谁，不管你做了什么，都无法逃脱。在被岁月掩埋之后，你就会明白，我们谁也无法见证时间，而时间也不需要任何证明。

生活中，在我们为别人付出的同时，自己的人生也会因此而得到升华。一个人要是不能为他人带来利益，那么自己也不可能获得利益。有位名人曾这样说，人活着应该让他人因为你的存在而得到益处。的确，如果我们学会给予和付出，就会感受到舍己为人、不求任何回报带给我们的快乐和满足。世上的人可以分为两种：一种乐于索取，一种乐于付出。对付出特别吝啬的人，他的生活也不会特别幸福。每个人付出的方式不同，其中有一种是对世界的看法、对待生活的态度。正是这种对待人生的态度，决定了我们的生活是否幸福。

拍完电影《茜茜公主》之后，卡尔·海因茨·波姆就息声影坛。当时，他与扮演茜茜公主的罗密·施耐德使全球的观众为他们倾倒。但对于卡尔·海因茨·波姆来说，这已是很久以前的事了。后来的他远离为他赢得赞誉的电影事业，在现实生活中扮演了另一个角色，那就是援助人员，到极其贫困的埃塞俄比亚工作。

卡尔·海因茨·波姆的角色转换颇有戏剧性。多年之前，作为德国著名演员，卡尔·海因茨·波姆应邀参加德国电视的娱乐节目《咱们打个赌，好吗？》。他打的赌是：在当晚节目中，为饥饿的非洲人捐款一马克以上的人数绝对不会超过观看这个节目的观众的三分之一。但是令他没有想到的是，他打的这个赌改变了他的后半生。节目结束后，统计发现，德国人一共捐款一百二十万马克。卡尔·海因茨·波姆输了。几个月之后，卡尔·海因茨·波姆带着这笔捐款前往非洲最贫穷的国家之一——埃塞俄比亚，连他自己都没有想到，自己会一直留在那里。再往后，他和他成立的"人帮助人"基金会为援助埃塞俄比亚做了特别多很有帮助的工作。

据统计，埃塞俄比亚居民中有六千万人是农民。卡尔·海因茨·波姆说，埃塞俄比亚想要得到发展，首要之事就是建立现代化农业，防止水土流失，同时进行农田改建，实行有科技含量的农田灌溉技术和绿化造林。这些工作也包含在"人帮助人"基金会的日常工作里。

此外，卡尔·海因茨·波姆及其基金会还从事多项援助项目，比如饮用水供应、扩建公路和建设学校等。他创建的基金会一共在埃塞俄比亚建成了几十所学校和三所职业培训中心。与人们息息相关的医疗保健也是基金会的工作重心之一。他们了解到，埃塞俄比亚每三万多人中才有一名医生。为了改变埃塞俄比亚的医疗状况，卡尔·海因茨·波姆和他的工作人员一起付出了最大努力，取得了丰硕成果，他们一共建成了四十个医疗站、三所诊所和两所医院，为埃塞俄比亚人们提供了巨大帮助。

在他人看来，上述每一个实现的项目都堪称一项成就，但卡尔·海因茨·波姆并不满足于已取得的成就，不想停下来。他是这样说的："我来这里工作的目的是，有一天埃塞俄比亚的政府首脑，不论那个人是谁，来到我这里对我说：'卡尔，谢谢你在这里待了这么久。现在我们已经不需要你了，我们可以自己解决这里的问题'。这是我最大的愿望，也是我的目标，我一直在为这个目标工作。"

你无意的一次善举或者一件微小的事，都会给他人带去温暖与快乐。在别人需要的时候，一句柔声问候，甚至一个眼神都能为别人带来极大的关怀。所以，不要吝啬自己的付出，哪怕很微小。日积月累后，你就会变成一个善良与富有爱心的人。

懂得并且愿意付出是人性光辉的表现，同时也是一种处世智慧。

—— 宁静 ——

世上很多人都有虚荣的心理，都有要"面子"的想法，这会腐蚀人的正常心理、破坏人的健康情绪，成为人性格中很难根治的毒瘤。虚荣心会使一个人变得孤独，失去原本的自己。

某科研所的一位科研人员，技术与学识都不差，就是自尊心太强，所以尽管到了不惑之年，还难以和同事相处。这位科研人员，不管是在大家进行学术讨论时，还是在工作方案的安排上，甚至于日常生活小事的看法与习惯上，只要别人跟他的意见有出入，他就觉得自己丢了面子，丝毫不能容忍，会立刻发脾气，非得让别人按他的想法去办，不然就不依不饶，有时候甚至会对他人恶言相向。他永远都觉得自己是高人一等的，他的意见也肯定是最正确的，别人只能跟着他走，不然就是以邪压正，而且被他视为不给他留面子。正因如此，但凡跟他接触久一点的人都对他敬而远之，唯恐避之不及。如果是一般人，面对这种情况都会感到不适，可他却乐在其中、安之若素，可见其虚荣心有多可怕。

在这个高速发展的社会，各种压力让我们变得浮躁，正因为这样，我们才要放下浮躁的心，还原本性中的单纯与朴实。在这个人人都向前奔跑的时代，我们可能真的该停下来歇一歇，等一等被我们甩在身后的灵魂。可以点一支香，放一首轻柔的音乐，泡一壶茶，让心平静下来，思索一下我们的人生。

再没有比祥和更为快乐的快乐，再没有比宁静更为可贵的享受。

德国著名哲学家叔本华曾在柏林大学任教，那时的他不甘心做默默无闻的人，也不屑与黑格尔同时授课。但是，当时的黑格尔正如日中天，而叔本华的课堂上已没人来听讲。不得已，他只得黯然离开，到了法兰克福，晚年过得很寂寞。在无尽孤寂的日子里，只有一条叫作“世界灵魂”的卷毛狗陪着他。他无法享受寂寞，即使写的书再版，也无法改变他孤独的境况。

我想，叔本华无法忍受寂寞，也与内心无法宁静有关。人们总说：“拥有天下非富有，心灵充实才可贵。”一个内心真正强大的人往往淡泊名利、内心安宁。

我们真正拥有的资产，是时间；真正拥有的财富，是学识；真正拥有的幸福，是健康；真正拥有的力量，是智慧。《庄子》一书中有句话，叫作“乘物以游心”，虽然区区五个字，却是偌大的洒脱。放心，是一种大智慧，能洗涤我们的心灵。放下浮躁，我们才能变得平实，才能重拾最本真的自我，从而远离种种纷扰，用平和的心态过好属于自己的人生。

平淡不平淡

温特菲力说：“失败，是走上更高地位的开始。”真正伟大的人在面对成败时都很淡然，都耐得住平淡，经得起悲欢离合，“不以物喜，不以己悲”。不管多么失望，绝对不能失去镇定，只有这样才能获得最后的胜利。生活中总会有这样的人，因为一个职位、一点利益就让情绪走入两个极端，不是欣喜若狂，就是捶胸顿足。要知道平淡才是人生的常态，悲欢是人生不可避免的。如果什么都经受不住，那对生活还有什么可期待的呢？面对在我们生命中出现的际遇和我们自身的生存需要，我们都需要更加忍耐，忍耐其中的哀伤与平淡，并记住其中的开心与惊奇，后者可以成为促使我们不断前进的动力，让我们在忍耐中等待成功的到来。

《周易·系辞上》有所记载："乐天知命，故不忧。"面对任何事情时，都要怀着乐观积极的心态，秉承"知己为天所命，非虚生也"的信念，不管人生给你带来了什么，都用豁达的心胸去面对，这样你会发现，人生其实并不可怕，也没有什么过不去与无法忍受的。在人生的旅途中，我们只需做好自己，认认真真地对待每一天，即使失去了什么也不要灰心，有了收获也不能忘乎所以。不管我们是否愿意，时间总会将一切都带走，也许我们在这一过程中会开心，会难过，会很无奈，但即使我们身心俱疲、脚步蹒跚，也要乐观地向前。虽然我们不知道前方等待我们的会是什么，但却做到了"无怨无悔"。在这个世上我们不能太计较个人得失，保有一颗平静淡然的心来迎接出现的每次挑战，忍耐其带来的枯燥与痛苦，这看上去是生命的无奈之处，其实也是最绚烂的地方。

有一个男人，大学毕业以后只身南下，去了快速发展的沿海地区，身边只带着单薄的行李。刚到那边时，他因为要求太高所以处处碰壁，不仅工作没有找到，连生活费也所剩无几。眼看就要失败而归时，他放低了自己的要求，去一家IT企业做了普通文员，每月领取微薄的薪水，勉强生活。朋友得知后打来电话："你这么优秀，却去做一个文员，太大材小用了。"他笑了，没有回答朋友。

即使每天的工作简单、枯燥，他也乐在其中，而且他很好学，有什么不懂的地方都会去请教同事。时间一久，老板很欣赏他，觉得他踏实能干，晋升他做了秘书。过了一段时间，他在企业的名气已经很大了，但他却选择放弃高薪职位，拿着自己多年来的积蓄开了一家属于自己的小公司。同事都觉得他傻，只有老板对着他竖起了大拇指。小公司在他的辛勤经营下不断壮大，他成为一位非常有名的企业家。每当他回家探亲，亲戚们都纷纷称赞他能干，他只是笑笑说："我不过在做些小生意，并没有那么优秀。"

金融危机发生时，他的公司也遭受到极大的打击。对此，他的父母很担心，而他却很安静，反过来安慰父母说："没事，当初我也什么都没有，现在只不过是时间问题。"他赶回公司，将剩余资金发给自己的员工，解散了公司。值得庆幸的是，因为他经营有道，即使在这样的灾难面前，公司都没有外债。他带着自己的行囊回到家乡，回到父母身边。一家人开了个小饭馆，每天打打牌、养花种草，日子过得也很舒适惬意。

“一花一世界，一草一天堂，一叶一如来，一砂一极乐，一方一净土，一笑一尘缘，一念一清静”。人的一生，面对鲜花与掌声，有多少人可以不去在意；人生道路上的坎坷与泥泞，又有多少人能从容面对。人生最宝贵的财富，就是可以耐得住寂寞，经得起悲欢。“宠辱不惊，闲看庭前花开花落；去留无意，漫随天外云卷云舒。”宠辱不惊是一份乐天知命的安详自在，更是一份从忍耐里获得的胜利。

忍耐是非常重要的心态，使人在致命诱惑面前也可以用良好的心态去面对，浅尝生命的酒酿，将心中的烦恼忘却；忍耐是一种人生态度，面对得失时心境平和、宽容豁达。不管是幸福和乐还是困难重重，我们都要学会忍耐，将一切看淡、看透，做到能够入乎其中、出乎其外，不在事物中痴迷，也不盲目自信。

人这一生都会经历得到与失去、荣誉与屈辱、富贵与贫穷等遭遇。当我们遇到这些时，心境肯定会大起大落。假如我们学会了忍耐，那么这些遭遇在心里就是一缕青烟，很快就会消散；反之，内心就无法安宁，我们的人生就会困难重重。

看山还是山

当我们想拥有一件东西而没有成功时，心里就会很难过。很多时候得不到不是因为没有去努力，而是心放得太大，没有及时收回来。不懂的舍弃，只知道看着远处扩大贪念，自然无心抓住眼前那一点点的“得”。

在镜湖山旅游区，游客乘索道到山顶饱览风光后，可以坐索道去下一个峡口。有两种购票方式：一种是直接乘坐索道前行，票价为十元；另一种是先进入一条信道，之后再坐索道，在这条信道里可以参与奖励游戏，一共要过七关，每关的奖励都不一样，票价是十五元。大多数游客都想，既然都已经到了山顶，就不差那五块钱了。

检过票的游客被工作人员带进一条封闭信道内，里面每次都只能过一辆缆车，前面的人先过去，后面的人才能跟上。进入第一关后，有一个大的电子屏幕，上面写着：“现在您已获得五元奖励，如满足此奖励，可结束游戏。”这时游客心里都会想：“我花了五块钱就仅仅只是这样啊，那不如不玩呢，要继续。”于是进入下一关。第二关时，屏幕上写的是：“现在您已获得十元奖励，如满足此奖励，可结束游戏，从侧面退出，领取奖励。”这时游客又都在想：“我得到这样的机会不容易，还要继续。”第三关的奖励是二十元，第四关是四十元，很多游客都选择一直玩下去。到了第六关，大屏幕的奖金已经累计到三百二十元。大多数游客心里想的是：“我也就多花费了五元钱，即使损失了也没有关系，赌一把说不定能赢更多。”

但是，所有进入最后一关的游客都只是看到一个负责检票的工作人员站在那里，手里拿着一个写有“欢迎下次光临”的牌子。这时，想要后退已经不可能了，游客只能失望地离开。

最后有一对中年夫妇从通道里出来，全部游客里只有他们获得了奖金。他们在第三关一共领取了四十元，就是说他们不仅不花一分钱坐索道，旅游区还要多给他们十元钱。其他游客纷纷笑着问他俩为什么没再选择冲击更高关卡，哪怕是第四关或者第五关呢。

中年男子笑着对大家说：“当到了第三关时，我们发现已经‘赚’了十元，所以当时就决定领取奖金。贪念是非常可怕的东西，只有舍弃这个贪念，才有可能收获美好；只有学会舍弃，才有可能得到。”

生活中的我们也该像故事里的中年夫妇一样，舍弃贪念才能得到更多，舍弃欲望才能得到更多收获。

“结庐在人境，而无车马喧。问君何能尔？心远地自偏。”从这首诗中我们不难发现，真正的“隐”隐于内心，是一种外在喧扰而内心不为所动的常态。正所谓：“菩提本无树，明镜亦非台。本来无一物，何处惹尘埃？”

当你在前进时，不舍走过的风景，便没法跨出前进的一步；写文章时，不舍去那些无用的辞藻，就不能写出精简的短文。

舍，看似将好处让给别人，其实是给了自己。

珍惜简单

越是懂得珍惜自己人生的人，就越懂得去珍惜那些在常人眼里不值得珍惜的东西。舍得的真正含义是珍惜。

我们要明白，懂得珍惜不仅是珍惜自身，还要珍惜他人，珍惜身边的每一件事物。

懂得珍惜的第一步是学会惜福，只有这样，我们才能学会珍惜每一件事物，尊重每个生命的独立与自由。惜福也是惜缘，要

明白与任何人或物的相遇皆是缘。

有一天，一位中年妇女发现自己家门口站着三位素不相识的老人。她走上前去对他们说：“你们是不是饿了，来我家吃点东西吧。”

“哦，我们不能一起去您家。”老人们说。

“我不明白这是为什么？”中年妇女很疑惑。

其中一位老人指着同伴对她说：“他叫成功，他叫财富，而我叫善良。请你回家和家人商量一下吧，看看让我们其中哪位进去。”

这位中年妇女回家将门口的情况说给家里人听，大家商量后决定请善良老人进屋。她出来对老人们说：“我们做好决定了，请善良老人到我家来做客吧。”

当善良老人起身向屋里走去时，剩下的成功老人和财富老人也跟进来了。

中年妇女大惑不解，问成功和财富：“不是只有一位能来吗？你们怎么也进来了？”

“是这样的，善良是我们的兄长，我们的兄长在哪儿，我们也必须在哪儿，因为哪里有善良，哪里就会有成功和财富。”老人们回答说。

正如老人们所说，伴随善良而来的是财富与地位。真诚地善待生命中遇到的每一个人，用心珍惜他们，其实也是在善待我们

自己。

人的一生中，会不断地有人闯入或者离开，这些都是无法掌握的，我们所能做的，就是用心去珍惜那些在自己生命中存在过的人。应当说，生命中与任何人的相遇都是缘分，当有一天蓦然回首时，会发现曾经相知相惜的人已经天各一方，每个人都有了自己的新生活，那些日日在一起的日子已经随风远去了。这个时候我们会想念那个人，却猛然发现连他的联系方式都没有了，这时你也许会后悔没有好好珍惜在一起的日子。

不论何时，在我们生命里出现的人都是我们的福分，要感谢上苍，给了彼此相遇的机会。为了不让自己以后遗憾，一定要善待生命中遇到的每一个人。

遇到真心喜爱的人时，要努力在一起，因为当他离去时，什么都将无法挽回；遇到相知的朋友时，要用心相处，因为人生得一知己，太难；遇到伯乐时，要心怀感激，因为他使你的人生出现转折；遇到曾经的爱人时，可以点头微笑，因为是他（她）让你变得更好；遇到背叛你的人时，大可以不去记恨，因为正是这样经历，你学会了成长。

学会珍惜，感谢生命中遇到的每一个人吧，是他们丰富了你的人生，使你的人生变得无比精彩，无比绚丽。